混凝土断裂过程区理论研究

卿龙邦 著

U0178472

中国建筑工业出版社

图书在版编目（CIP）数据

混凝土断裂过程区理论研究/卿龙邦著. —北京：中
国建筑工业出版社，2020.1
ISBN 978-7-112-24796-7

Ⅰ. ①混… Ⅱ. ①卿… Ⅲ. ①混凝土-断裂力学-
理论研究 Ⅳ. ①TU528

中国版本图书馆 CIP 数据核字（2020）第 017894 号

本书围绕混凝土断裂过程区理论，介绍了断裂力学基础及常用的混凝土断裂理论模型，总结了作者近年来在混凝土断裂过程区理论方面的研究成果，讨论了断裂力学在混凝土断裂理论分析及断裂参数确定方面的应用。主要内容包括：绪论；线弹性断裂理论；裂缝尖端小范围屈服理论；混凝土断裂力学模型；基于黏聚裂缝的混凝土断裂过程区理论特性；基于损伤力学的混凝土裂缝断裂分析研究；混凝土断裂极值理论；利用断裂极值理论确定劈拉试件的起裂韧度；基于断裂极值理论确定混凝土抗拉强度与等效断裂韧度。

本书可供土木、水利、交通及工业建筑等领域的科学研究人员、高等院校教师及工程人员等参考，也适用于相关专业研究生以及本科高年级学生学习参考。

责任编辑：辛海丽
责任校对：王　瑞

混凝土断裂过程区理论研究

卿龙邦　著

*

中国建筑工业出版社出版、发行（北京海淀三里河路9号）
各地新华书店、建筑书店经销
霸州市顺浩图文科技发展有限公司制版
北京建筑工业印刷厂印刷

*

开本：787×1092毫米　1/16　印张：10½　字数：256千字
2020年3月第一版　2020年3月第一次印刷
定价：**45.00**元
ISBN 978-7-112-24796-7
（35223）

前　言

混凝土是用量最大的人工建筑材料。对于实际工程中的一些重要的混凝土结构，施工期和运行期易产生裂缝是其一大特点，一旦出现的裂缝继续扩展，则可能对工程结构的工作性能带来诸多影响。因此，长期以来，混凝土的裂缝问题一直是土木水利科学技术界和工程界极为关心的课题。作为一种准脆性材料，混凝土裂缝断裂最大的特征是裂缝尖端存在断裂过程区。断裂过程区导致混凝土断裂特性呈现出非线性特性，且使得实验室采用小尺寸测定的断裂参数具有明显的尺寸效应。由于混凝土材料组成的复杂性，导致其断裂过程区形成机理非常复杂。自 1961 年 Kaplan 开展混凝土断裂力学试验以来，混凝土裂缝非线性断裂问题引起了研究人员的广泛关注。近几十年时间里，该领域研究得到迅速发展。研究人员进行了大量的试验研究工作，积累了大量的测试资料，提出了一系列等效线性或非线性的断裂模型、断裂计算方法和经验断裂判据。

本书对混凝土断裂过程区理论进行了系统研究，介绍了混凝土断裂力学基础理论，阐述了国内外学者近几十年提出的混凝土非线性断裂模型及相关断裂参数。基于黏聚裂缝模型研究了混凝土断裂过程区的理论特性，分析了不同扩展准则对断裂过程区特性的影响。开展了损伤断裂耦合分析，建立了有限尺寸混凝土试件的允许损伤尺度解析解以及混凝土随机损伤断裂全过程的分析方法。提出了断裂极值理论，并建立了通过三点弯曲梁、楔入劈拉试件等常用断裂试件确定混凝土断裂参数的方法。

本书的出版得到了国家自然科学基金、河北省青年拔尖人才计划项目、河北省自然科学基金、教育部博士学科点新教师基金、清华大学水沙科学与水利水电工程国家重点实验室开放基金、中国水利水电科学研究院流域水循环模拟与调控国家重点实验室开放研究基金的资助，在此一并致以衷心的感谢。

感谢清华大学李庆斌教授对本书研究工作的指导。感谢郑州大学王娟副教授、华北水利水电大学管俊峰教授对本书理论和试验部分的支持与帮助。我的研究生聂雅彤、李杨、王苗、程月华、史鑫宇、董默闻、苏怡萌等协助完成了大量的理论建模与分析工作，他们对本书作出了贡献，在此一并致以衷心的感谢。

由于作者理论水平与学识水平有限，不足之处在所难免，恳请广大读者批评指正。

目　　录

第 1 章 绪 论

1.1 混凝土断裂过程区

混凝土是由骨料和水泥砂浆组成的复合材料,具有原料丰富、价格低廉、生产工艺简单等特点,被广泛应用于土木、水利等工程领域。由于其材料组成特殊性,混凝土在制作成型时呈现为一种疏孔、微裂缝弥散的结构状态,外荷载或环境亦容易使原有缺陷扩展。随着荷载的增加,微裂缝和空洞萌生、扩展并汇聚形成具有一定尺寸的宏观裂纹并继续扩展,将使材料宏观强度、刚度下降甚至破坏[1]。对于实际工程中的一些重要的混凝土结构,施工期和运行期易产生裂缝是其一大特点,一旦出现的裂缝继续扩展,则可能对工程结构的工作性能带来诸多影响。因此,长期以来,混凝土的裂缝问题一直是土木水利科学技术界和工程界极为关心的课题。深入研究混凝土断裂特性及其理论模型,进一步明确和阐述混凝土断裂机理,建立合理的混凝土断裂分析方法,是合理分析混凝土裂缝的断裂特性并指导裂缝结构安全评定的重要基础和前提。

早在 1961 年,Kaplan[2] 利用带裂缝的混凝土试件进行了断裂试验,并发现混凝土裂缝在断裂时存在亚临界扩展。之后,研究人员利用线弹性断裂力学对混凝土断裂性能开展了一定的研究工作[3-10],但研究发现经典断裂力学理论并不适用于实验室尺寸的混凝土断裂研究。此后,混凝土裂缝非线性断裂问题引起了研究人员的广泛关注,该领域研究得到迅速发展。近几十年时间里,研究人员进行了大量的试验研究工作,积累了大量的测试资料,提出了一系列等效线性或非线性的断裂模型、断裂计算方法和经验断裂判据[11-17]。

混凝土裂缝断裂存在缓慢扩展现象,使得裂缝尖端形成断裂过程区。在宏观尺度,断裂过程区可定义为裂缝尖端具有软化特性的非线性区域,该区域内的应力随变形的增大而减小[14]。混凝土类准脆性材料的断裂过程区与金属类韧性材料的断裂过程区存在着明显的不同,如图 1-1 所示。金属裂缝尖端存在较大的塑性屈服区,而混凝土裂缝尖端则存在着较大的微裂缝区。

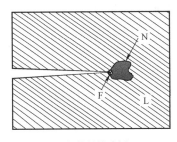
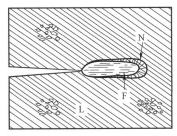

韧性材料(金属)　　　　　　　准脆性材料(混凝土)

N—非线性(Nonlinear);L—线性(Linear);F—断裂区(Fracture)

图 1-1 断裂过程区[18]

混凝土断裂过程区具有一定的尺寸，尤其是对于一般的实验室混凝土构件而言，断裂过程区的尺寸相对试件尺寸较大而不能忽略。关于断裂过程区的试验研究，目前已经有了大量的手段或技术[19]。例如，研究人员采用声发射技术[20-23]、数字图像相关技术[23-25]等对断裂过程区特性开展了试验研究。基于这些方法，人们得到了大量的断裂过程区试验结果。

由于混凝土材料组成的复杂性，导致断裂过程区的形成机理非常复杂。对断裂过程区形成原因的普遍认识是，混凝土材料的各向异性导致混凝土裂缝尖端材料呈现非线性特征，而非线性是导致裂缝尖端形成断裂过程区的原因。混凝土的断裂行为在很大程度上受断裂过程区影响。在一般情况下，混凝土断裂力学参数（断裂韧度、断裂能等）的尺寸效应主要是由于断裂过程区的存在而引起的。断裂过程区的存在，使得对于常规的混凝土试件，线弹性断裂力学无法适用，并且也使得非线性断裂参数的测量结果呈现出非一致性。

1.2　混凝土断裂过程区理论研究概况

1.2.1　混凝土断裂力学模型

近几十年的混凝土断裂过程区理论研究大多围绕断裂力学模型及其应用展开。到目前为止，学者们进行了大量的混凝土断裂力学研究，也相继提出了众多适用于混凝土非线性分析的断裂力学模型，其中较为常见的有：有效裂缝模型[26,27]、Shah 双参数模型[28]、Bažant 尺寸效应模型[29]、R 曲线模型[30,31]、虚拟裂缝模型[32]、裂缝带模型[33]、边界效应模型[34]、双 K 系列模型[16]（包括双 K 模型，K_R 阻力曲线模型，双 G 模型，G_R 阻力曲线模型）、有限断裂模型[35]、分形模型[36] 等。以上提及的混凝土断裂模型中，大多数均为基于等效裂缝的理论模型。

基于不同能耗机理可将现有的混凝土非线性断裂模型主要归纳为以下三类：第一类模型采用 Griffith-Irwin 能量耗散机理。该类模型考虑能量消耗在裂缝前端区域。此类模型主要包括：有效裂缝模型、Shah 双参数模型、Bažant 尺寸效应模型、R 曲线模型等。该类模型认为：由于存在着初始裂缝的非线性缓慢扩展，直接采用线弹性断裂力学方法计算得出的混凝土断裂韧度具有明显的尺寸效应，因此计算混凝土断裂韧度对应的裂缝长度应采用初始裂缝长度与亚临界扩展量之和，这样计算得到的断裂韧度才是混凝土材料的真实断裂韧度。第二类模型采用 Dugdale-Barenblatt 能量耗散机理。该类模型考虑能量消耗在断裂过程区内，以混凝土拉伸软化本构关系为基础，断裂过程区上采用材料软化关系来模拟混凝土裂缝发展过程。这一类模型以虚拟裂缝模型和裂缝带模型最为代表性。第三类模型同时考虑了 Griffith-Irwin 能量耗散机理和 Dugdale-Barenblatt 能量耗散机理的联合作用。在实际应用中，该类模型既考虑了断裂过程区上裂缝黏聚力作用，又认为裂缝尖端存在一定的抵抗裂缝扩展的能力。双 K 系列模型是此类模型的典型代表。到目前为止，针对上述模型的相关研究已经较为成熟，研究人员针对相关模型参数的确定方法也开展了大量研究。

1.2.2　混凝土断裂损伤耦合分析

近年来，损伤力学迅速发展，围绕混凝土损伤断裂特性方面，学者们开展了一系列研究工作。法国学者 Lorran 提出损伤断裂理论，将损伤理论同断裂力学结合起来研究混凝土的断裂破坏[37]。Mou 和 Han[38] 借助于断裂力学解答及数值手段研究了裂缝尖端损伤场的分布。李庆斌等[39] 基于损伤力学应变等价性原理，在混凝土断裂力学研究中引入损伤学，并首次提出了允许损伤尺度的概念。邓宗才等[40] 进行了混凝土裂缝的损伤断裂分析，提出了混凝土裂缝尖端损伤区的边界方程和损伤断裂判据。田佳琳和李庆斌[41] 进而采用迭代的方法开展了混凝土 I 型裂缝断裂和损伤全耦合分析，研究得到了裂缝尖端的损伤因子表达式和损伤区域边界范围。以上研究主要均针对无限大尺寸平板模型，卿龙邦等[42] 基于允许损伤尺寸的概念对有限尺寸混凝土试件的允许损伤尺度进行了解析研究，该理论研究应用 William 级数形式，获得基于前三阶级数的裂缝尖端应变场，同时考虑应力松弛的影响，推导出了允许损伤尺度的解析表达式，并采用相应试验进行了验证[43]。由于混凝土材料的非均质特性和损伤的随机演化，导致混凝土材料断裂具有随机特性。卿龙邦等[44,45] 结合随机损伤力学与断裂力学，建立了随机损伤本构关系与软化曲线之间的等效关系，研究了混凝土断裂与随机损伤的耦合分析方法，开展了混凝土裂缝扩展的损伤断裂全过程分析。

1.2.3 混凝土断裂极值理论

近年来，卿龙邦和李庆斌等[46-56] 针对混凝土材料的准脆性破坏特点，提出并发展了确定相关断裂参数的断裂极值理论。断裂极值理论结合黏聚裂缝概念与极值方法，可有效地确定混凝土的断裂参数。基于断裂极值理论，文献［46］研究了混凝土断裂过程区长度计算方法；文献［47-50］分别基于楔入劈拉试件、三点弯曲梁试件、立方体和圆柱体劈拉试件研究了混凝土起裂韧度的计算方法；文献［51］建立了混凝土双 K 断裂参数的理论关系；文献［52］采用韧度准则研究了混凝土抗拉强度的计算方法；文献［53，54］分别基于三点弯曲梁和拱形断裂试件，采用强度准则研究了混凝土抗拉强度及等效断裂韧度的计算方法；文献［55］建立了混凝土断裂极值理论的统一框架。采用断裂极值理论，仅需单个断裂试件即可确定混凝土的力学参数与断裂参数，可有效避免传统断裂试验中裂缝口张开位移的测量。

1.3 本书主要内容

本书将围绕断裂过程区理论，介绍断裂力学基础及混凝土断裂力学模型，阐述混凝土断裂的理论分析方法。全书共分为九章。

第 1 章为绪论，介绍混凝土断裂过程区概念与理论研究概况。第 2 章介绍线弹性断裂理论。第 3 章介绍裂缝尖端小范围屈服理论。第 4 章介绍国内外学者近几十年提出的混凝土非线性断裂模型及相关断裂参数。第 5 章基于黏聚裂缝模型研究了无限大板及三点弯曲梁的断裂过程区理论特性。第 6 章从损伤与断裂耦合的角度研究混凝土损伤断裂破坏全过程，介绍了随机软化曲线及裂缝随机断裂全过程的计算方法。第 7 章介绍近年来提出的断裂极值理论框架及基本应用。第 8 章、第 9 章基于断裂极值理论研究了不同混凝土断裂参数的确定方法。

参考文献

［1］蔡四维，蔡敏. 混凝土的损伤断裂. 北京：人民交通出版社，1999.

［2］Kaplan M F. Crack propagation and the fracture of concrete. ACI Journal Proceedings，1961，58 (5)：591-609.

［3］Naus D J, Lott J L. Fracture toughness of Portland cement concretes. ACI Journal Proceedings，1969，66 (6)：481-489.

［4］Kesler C E, Naus D J, Lott J L. Fracture mechanics：its applicability to concrete. Proceedings of the International Conference on Mechanical Behavior of Materials. The Society of Material Science，1972，4：113-124.

［5］Brown J H, Pomeroy C D. Fracture toughness of cement paste and mortars. Cement and Concrete Research. 1973，3：475-480.

［6］Walsh P F. Fracture of plain concrete. Indian Concrete Journal，1972，46 (11)：469-470.

［7］Walsh P F. Crack initiation in plain concrete. Magazine of Concrete Research，1976，28：37-41.

［8］Hillemeier B, Hilsdorf H K. Fracture mechanics studies on cement compound. Cement and Concrete Research，1977，7：523-536.

［9］Mindess S, Nadeau J S. Effect of notch width on K_{IC} for mortar and concrete. Cement and Concrete Research，1976，6：529-534.

［10］Strange P C, Bryant H. Experimental test on concrete fracture. Journal of Engineering Mechanics，1979，105 (2)：337-342.

［11］Karihaloo B L. Fracture mechanics and structural concrete. New York：Longman Scientific Technical，1995.

［12］Shah S P, Swartz S E, Ouyang C. Fracture mechanics of concrete：applications of fracture mechanics to concrete，rock and other quasi-brittle material. New York：John Wiely Sons Inc，1995.

［13］VanMier J G M. Fracture process of concrete，assessment of material parameters for fracture model. Boca Raton：CRC Press，1997.

［14］Bažant Z P, Planas J. Fracture and size effect in concrete and other quasi-brittle materials. Boca Raton：CRC Press，1998.

［15］Carpinteri A, Ingraffea A R. Fracture mechanics of concrete：material characterization and testing. The Hague：Martinus Nijhoff Publishers，1984.

［16］徐世烺. 混凝土断裂力学. 北京：科学出版社，2011.

［17］李庆斌. 混凝土断裂损伤力学. 北京：科学出版社，2017.

［18］Bažant Z P, Becq-Giraudon E. Statistical prediction f fracture parameters of concrete and implications or choice of testing standard. Cement and Concrete Research，2002，32：529-556.

［19］Shah S P, Carpinteri A. Fracture mechanics test methods for concrete. London：Chapman and Hall，1991.

［20］Maji A, Shah S P. Process zone and acoustic emission measurements in concrete. Experimental Mechanics，1987，28 (1)：27-33.

［21］Chen B, Liu J Y. Investigation of effects of aggregate size on the fracture behavior of high performance concrete by acoustic emission. Construction and Building Materials，2007，21：1696-1701.

［22］Muralidhara S, Prasad B K R, Eskandari H, Karihaloo B L. Fracture process zone size and true fracture energy of concrete using acoustic emission. Construction and Building Materials，2009，24 (4)：479-486.

［23］Alam S Y, Saliba J, Loukili A. Fracture examination in concrete through combined digital image correlation and acoustic emission techniques. Construction & Building Materials，2014，69（11）：232-242.

［24］Wu Z M，Rong H，Zheng J J，Xu F，Dong W. An experimental investigation on the FPZ properties in concrete using digital image correlation technique. Engineering Fracture Mechanics，2011，78：2978-2990.

［25］Doll B，Ozer H，Rivera-Perez J，Al-Qadi I，Lambros J. Damage zone development in Heterogeneous Asphalt Concrete. Engineering Fracture Mechanics，2017，182：356-371.

［26］Swartz S E，Hu K K，Jones G L. Compliance monitoring of crack growth in concrete. Journal of the Engineering Mechanics Division，1978，104（4）：789-800.

［27］Karihaloo B L，Nallathambi P. Effective cracks model for the determination of fracture toughness of conerete. Engeering Fracture Mechanics，1990，（4/5）：637-645.

［28］Jenq Y S，Shah S P. Two pararneter fracture model for concrete. Journal of Engineering Mechanics，1985，111（10）：1227-1241.

［29］Bažant Z P. Size effect in blunt fracture：concrete，rock，metal. Journal of Engineering Mechanics，1984，110（4）：518-535.

［30］Wecharatana M，Shah S P. Slow crack growth in cement composites. Journal of the Structural Division，1982，108（ST6）：1400-1413.

［31］Bažant Z P，Cedolin L. Approximate linear analysis of concrete fracture by R-curve. Journal of Structural Engineering. 1984，110（6）：1336-1355.

［32］Hillerborg A，Modeer M，Petersson P E. Analysis of crack formation crack growth in concrete by means of fracture mechanics and finite elements. Cement and Concrete Research. 1976，6（6）：773-782.

［33］Bažant Z P，Oh B H. Crack band theory for fracture of concrete. Material and Structure，1983，16（93）：155-166.

［34］Hu X Z，Duan K. Size effect：Influence of proximity of fracture process zone to specimen boundary. Engineering Fracture Mechanics，2007，74：1093-1100.

［35］Cornetti P，Pugno N，Carpinteri A，et al. Finite fracture mechanics：a coupled stress and energy failure criterion. Engineering Fracture Mechanics，2006，73（14）：2021-2033.

［36］Carpinteri A，Chiaia B. Multifractal nature of concrete fracture surfaces and size effects on nominal fractal fracture energy. Materials and Structures，1995，28：435-443.

［37］Lorraine M. on the application of thc damage theory to fracture mechanics of concrete. The Art Report of the Civil Engineering Department I. N. S. A. 31077. Toulouse Ceclex，1981.

［38］Mou Y，Han R P S. Influence of damage in the vicinity of a macrocrack tip. Engineering Fracture Mechanics，1996，（55）4：617-632.

［39］李庆斌，张楚汉，王光纶. 混凝土Ⅰ型裂缝动静力损伤断裂分析. 土木工程学报，1993，26（6）：20-27.

［40］邓宗才. 混凝土Ⅰ型裂缝的损伤断裂判据. 岩石力学与工程学报，2003，22（3）：420-424.

［41］田佳琳，李庆斌. 混凝土Ⅰ型裂缝的静力断裂损伤耦合分析. 水利学报，2007，（2）：205-210.

［42］卿龙邦，王妥，管俊峰，等. 有限尺寸混凝土试件允许损伤尺度的解析研究. 工程力学，2017，34（01）：213-218.

［43］卿龙邦，曹国瑞，管俊峰. 基于DIC方法的混凝土允许损伤尺度试验研究. 工程力学. 2019，36（10）：115-121.

［44］卿龙邦，郝冰娟，赵欣，等. 基于随机损伤与断裂耗散能等效的混凝土裂缝扩展分析. 水利学报，2016，47（01）：64-71.

［45］Qing L B，Hu Y，Wang M. Stochastic cohesive law of concrete based on energy consumption equivalence. Engineering Fracture Mechanics，2018，202：458-470.

［46］卿龙邦，李庆斌，管俊峰. 混凝土断裂过程区长度计算方法研究. 工程力学，2012，29（04）：197-201.

［47］Qing L B, Li Q B. A theoretical method for determining initiation toughness based on experimental peak load. Engineering Fracture Mechanics，2013；99（1）：295-305.

［48］卿龙邦，程月华，管俊峰. 确定大坝混凝土起裂韧度的简化极值法. 水力发电学报，2018，37（06）：93-100.

［49］Qing L B, Nie Y T, Wang J, Hu Y. A simplified extreme method for determining double-K fracture parameters of concrete using experimental peak load. Fatigue and Fracture of Engineering Materials and Structures. 2017，40（2）：254-266.

［50］Qing L B, Dong M W, Guan J F. Determining initial fracture toughness of concrete for split-tension specimens based on the extreme theory. Engineering Fracture Mechanics，2018，189：427-438.

［51］Qing L B, Tian W L, Wang J. Predicting unstable toughness of concrete based on initial toughness criterion. Journal of Zhejiang University SCIENCE A，2014，15（2）：138-148.

［52］Qing L B, Shi X Y, Mu R, Cheng Y H. Determining tensile strength of concrete based on experimental loads in fracture test. Engineering Fracture Mechanics，2018，202：87-102.

［53］Qing L B, Cheng Y H. The fracture extreme theory for determining the effective fracture toughness and tensile strength of concrete. Theoretical and Applied Fracture Mechanics，2018，96：461-467.

［54］Qing L B, Cheng Y H, Fan X Q, Mu R, Ding S Q. An arc bending notched specimen for determining the mechanical and fracture parameters of concrete based on the FET. Engineering Fracture Mechanics，2019，220：106639.

［55］Li Yang, Qing L B, Cheng Y H, Dong M W, Ma G W. A general framework for determining fracture parameters of concrete based on fracture extreme theory. Theoretical and Applied Fracture Mechanics. 2019，103：102259.

第 2 章　线弹性断裂理论

2.1　弹性力学的基本方程及其边值问题

从弹性力学角度分析问题，要从三个方面来考虑：静力学方面、几何学方面和物理学方面。采用直角坐标系时，弹性力学的基本方程如下：

（1）平衡微分方程

考虑空间问题的静力学方面，首先根据平衡条件来导出应力分量和体力分量之间的关系式，也就是空间问题的平衡微分方程。

$$
\left.
\begin{aligned}
\frac{\partial \sigma_x}{\partial x} + \frac{\partial \tau_{yx}}{\partial y} + \frac{\partial \tau_{zx}}{\partial z} + X &= \rho \frac{\partial^2 u}{\partial^2 t} \\[6pt]
\frac{\partial \tau_{xy}}{\partial x} + \frac{\partial \sigma_y}{\partial y} + \frac{\partial \tau_{zy}}{\partial z} + Y &= \rho \frac{\partial^2 v}{\partial^2 t} \\[6pt]
\frac{\partial \tau_{zx}}{\partial x} + \frac{\partial \tau_{zy}}{\partial y} + \frac{\partial \sigma_z}{\partial z} + Z &= \rho \frac{\partial^2 w}{\partial^2 t}
\end{aligned}
\right\}
\tag{2-1}
$$

式中，$\begin{bmatrix} \sigma_x & \tau_{xy} & \tau_{xz} \\ \tau_{yx} & \sigma_y & \tau_{yz} \\ \tau_{zx} & \tau_{zy} & \sigma_z \end{bmatrix}$ 为一点的九个应力分量，根据剪应力互等定理，有 $\tau_{yz} = \tau_{zy}$，$\tau_{xz} = \tau_{zx}$，$\tau_{xy} = \tau_{yx}$；x、y、z 为坐标轴的三个分量；X、Y、Z 表示单位体积的体力在 3 个坐标方向的分量；ρ 表示物体的密度；u、v、w 表示位移矢量在 3 个坐标方向的分量且为 x、y、z 的单值函数；$\frac{\partial^2 u}{\partial^2 t}$、$\frac{\partial^2 v}{\partial^2 t}$、$\frac{\partial^2 w}{\partial^2 t}$ 表示加速度的 3 个分量。

平衡微分方程也可称为运动方程，或 Navier（纳维）方程。

（2）几何方程

在空间问题中，形变分量与位移分量应当满足下列 6 个几何方程：

$$
\left.
\begin{aligned}
\varepsilon_x &= \frac{\partial u}{\partial x}, \quad & \gamma_{yz} &= \frac{\partial w}{\partial y} + \frac{\partial v}{\partial z} \\[6pt]
\varepsilon_y &= \frac{\partial v}{\partial y}, \quad & \gamma_{xz} &= \frac{\partial u}{\partial z} + \frac{\partial w}{\partial x} \\[6pt]
\varepsilon_z &= \frac{\partial w}{\partial z}, \quad & \gamma_{xy} &= \frac{\partial v}{\partial x} + \frac{\partial u}{\partial y}
\end{aligned}
\right\}
\tag{2-2}
$$

式中，ε_x、ε_y、ε_z、γ_{yz}、γ_{xz}、γ_{xy} 为一点的六个应变分量。几何方程表示位移与应变之间的关系，又称 Cauchy（柯西）方程。

（3）本构方程（物理方程）

对于各向同性的线弹性材料，其形变分量与应力分量之间的关系可表示为：

$$\varepsilon_x = \frac{1}{E}[\sigma_x - \nu(\sigma_y + \sigma_z)], \quad \gamma_{yz} = \frac{2(1+\nu)}{E}\tau_{yz}$$
$$\varepsilon_y = \frac{1}{E}[\sigma_y - \nu(\sigma_x + \sigma_z)], \quad \gamma_{xz} = \frac{2(1+\nu)}{E}\tau_{xz} \quad (2\text{-}3)$$
$$\varepsilon_z = \frac{1}{E}[\sigma_z - \nu(\sigma_x + \sigma_y)], \quad \gamma_{xy} = \frac{2(1+\nu)}{E}\tau_{xy}$$

式中，E、ν 分别表示弹性模量和泊松比。本构方程（2-3）也可称为物理方程或胡克定律。

（4）边界条件和初始条件

边界条件可分为应力边界条件、位移边界条件和混合边界条件。

① 第一类边值问题：已知表面处的面力 $\overline{X}_s$，$\overline{Y}_s$，$\overline{Z}_s$ [式（2-4）]，求弹性体内各点的应力-应变分量和位移分量，此类问题可称为应力边值问题。若将边界记作 S，则应力边界条件为：

$$\overline{X}_s = \sigma_x l + \tau_{yx} m + \tau_{zx} n$$
$$\overline{Y}_s = \tau_{xy} l + \sigma_y m + \tau_{zy} n \quad （在 S 上） \quad (2\text{-}4)$$
$$\overline{Z}_s = \tau_{zx} l + \tau_{zy} m + \sigma_z n$$

式中，l、m、n 表示物体外法线 V 的 3 个方向的余弦：
$$\cos(V,x) = l, \quad \cos(V,y) = m, \quad \cos(V,z) = n。$$

② 第二类边值问题：已知表面处的位移 $\overline{u}$，$\overline{v}$，$\overline{w}$ [式（2-5）]，求弹性体内各点的应力-应变分量和位移分量，此类问题可称为位移边值问题。若将边界记作 S，则位移边界条件为：

$$u = \overline{u}, v = \overline{v}, w = \overline{w} \quad （在 S 上） \quad (2\text{-}5)$$

对于动力问题，通常需下列初始条件，当 $t = 0$ 时：

$$u = u_1(x,y,z), \quad v = v_1(x,y,z), \quad w = w_1(x,y,z)$$
$$\frac{\partial u}{\partial t} = u_1'(x,y,z), \quad \frac{\partial v}{\partial t} = v_1'(x,y,z), \quad \frac{\partial w}{\partial t} = w_1'(x,y,z) \quad (2\text{-}6)$$

式中，u_1、v_1、w_1、u_1'、v_1'、w_1' 为已知函数。

③ 第三类边值问题：若部分边界 S 上已知应力，另一部分边界 S 上已知边界位移，求弹性体内各点的应力-应变分量和位移分量，此类问题可称为混合边值问题，则其边界条件为：

$$\overline{X}_s = \sigma_x l + \tau_{yx} m + \tau_{zx} n$$
$$\overline{Y}_s = \tau_{xy} l + \sigma_y m + \tau_{zy} n \quad （在 S_\sigma 上） \quad (2\text{-}7a)$$
$$\overline{Z}_s = \tau_{zx} l + \tau_{zy} m + \sigma_z n$$
$$u = \overline{u}, v = \overline{v}, w = \overline{w} \quad （在 S_u 上） \quad (2\text{-}7b)$$

平衡微分方程、几何方程和本构方程共包括15个方程和15个未知量（6个应力分量、6个应变分量和3个位移分量）。如果给定边界条件（运动学问题还需初始条件），就可以求得所有未知量。

对于静力学问题而言，求解上述方程时，通常可利用以下三种解法：

位移解法：以位移作为基本未知函数，先求出位移再根据几何方程求得应变分量，而根据本构方程求得应力分量。

应力解法：以应力作为基本未知函数，先求出应力再根据本构方程求得应变分量，而根据几何方程求得位移分量。

混合解法：以部分位移分量和部分应力分量作为未知数进行求解。根据给定的不同边界条件，可将弹性力学问题分为三类边值问题。如果不考虑物体的刚体运动，以上三类边值问题存在唯一解。

2.2 平面静力问题

在实际问题中，严格地说，任何弹性体都是空间物体，它所受的外力一般是空间力系。因此，在一般情况下，求解弹性力学的问题都将归结为复杂的偏微分方程组的边值问题。但是，当工程问题中某些结构的形状和受力情况具有一定特点时，只要经过适当的简化和力学的抽象化处理，就可归结为所谓的弹性力学的平面问题。

第一类为平面应力问题。设有一块等厚薄板，只在板边受平行于板面并且不随板厚变化的面力，整个薄板的所有点都有：

$$\sigma_z=0、\quad \tau_{yz}=0、\quad \tau_{xz}=0$$

$$\varepsilon_z=-\frac{\nu}{E}(\sigma_x+\sigma_y)、\quad \gamma_{yz}=\gamma_{xz}=0$$

第二类为平面应变问题。与平面应力问题相反，设有很长的柱形体，在柱面上受平行于横截面而且不沿长度变化的面力，体力也平行于横截面而且不沿长度变化，整个柱形体上各点都有：

$$\sigma_z=\nu(\sigma_x+\sigma_y)、\quad \tau_{yz}=0、\quad \tau_{xz}=0$$

$$\varepsilon_z=0、\quad \gamma_{yz}=0、\quad \gamma_{xz}=0$$

平面应力问题和平面应变问题的基本控制方程大体上是相同的。

平衡微分方程组（2-1）简化为：

$$\left.\begin{array}{l} \dfrac{\partial \sigma_x}{\partial x}+\dfrac{\partial \tau_{yx}}{\partial y}+X=0 \\[3mm] \dfrac{\partial \tau_{xy}}{\partial x}+\dfrac{\partial \sigma_y}{\partial y}+Y=0 \end{array}\right\} \tag{2-8}$$

几何方程组（2-2）可简化为：

$$\left.\begin{array}{l} \varepsilon_x=\dfrac{\partial u}{\partial x} \\[3mm] \varepsilon_y=\dfrac{\partial v}{\partial y} \\[3mm] \gamma_{xy}=\dfrac{\partial v}{\partial x}+\dfrac{\partial u}{\partial y} \end{array}\right\} \tag{2-9}$$

物理方程组（2-3）可简化为：

$$
\left.
\begin{aligned}
\varepsilon_x &= \frac{1}{E'}(\sigma_x - \nu'\sigma_y) \\
\varepsilon_y &= \frac{1}{E'}(\sigma_y - \nu'\sigma_x) \\
\gamma_{xy} &= \frac{2(1+\nu')}{E}\tau_{xy}
\end{aligned}
\right\}
\tag{2-10}
$$

对于平面应力问题 $E'=E$、$\nu'=\nu$；对于平面应变问题 $E'=\dfrac{E}{1-\nu^2}$、$\nu'=\dfrac{\nu}{1-\nu}$。

2.3　平面问题的应力解法

以应力作为基本变量求解，要求在体内满足平衡微分方程，其相应的应变分量还须满足应变协调方程。因此，应力解法归结为在给定的边界条件下求解平衡微分方程（2-8）、几何方程（2-9）和物理方程（2-10）。

2.3.1　相容方程

根据几何方程组（2-9）前两式，将 ε_x 对 y 的二阶导数和 ε_y 对 x 的二阶导数相加，得：

$$
\frac{\partial^2 \varepsilon_x}{\partial y^2} + \frac{\partial^2 \varepsilon_y}{\partial x^2} = \frac{\partial^3 u}{\partial x \partial y^2} + \frac{\partial^3 v}{\partial y \partial x^2} = \frac{\partial^2}{\partial x \partial y}\left(\frac{\partial u}{\partial y} + \frac{\partial v}{\partial x}\right)
$$

再根据几何方程组（2-9）第 3 式，可得：

$$
\frac{\partial^2 \varepsilon_x}{\partial y^2} + \frac{\partial^2 \varepsilon_y}{\partial x^2} = \frac{\partial^2 \gamma_{xy}}{\partial x \partial y}
\tag{2-11}
$$

式（2-11）称为形变协调方程组或相容方程。

以平面应力情况为例，将物理方程组（2-10）代入式（2-11），可得：

$$
\frac{\partial^2}{\partial y^2}(\sigma_x - \nu\sigma_y) + \frac{\partial^2}{\partial x^2}(\sigma_y - \nu\sigma_x) = 2(1+\nu)\frac{\partial^2 \tau_{xy}}{\partial x \partial y}
\tag{2-12}
$$

根据平衡微分方程组（2-8）有：

$$
\frac{\partial \tau_{yx}}{\partial y} = -\frac{\partial \sigma_x}{\partial x} - X, \quad \frac{\partial \tau_{xy}}{\partial x} = -\frac{\partial \sigma_y}{\partial y} - Y, \quad \text{其中 } \tau_{xy} = \tau_{yx}
$$

将以上两式分别对 x，y 求导，并相加得：

$$
2\frac{\partial^2 \tau_{xy}}{\partial x \partial y} = -\frac{\partial^2 \sigma_x}{\partial x^2} - \frac{\partial^2 \sigma_y}{\partial y^2} - \frac{\partial X}{\partial x} - \frac{\partial Y}{\partial y}
$$

代入式（2-12），可得：

$$
\left(\frac{\partial^2}{\partial x^2} + \frac{\partial^2}{\partial y^2}\right)(\sigma_x + \sigma_y) = -(1+\nu)\left(\frac{\partial X}{\partial x} + \frac{\partial Y}{\partial y}\right)
\tag{2-13}
$$

对于平面应变问题，只需将上式中的 ν 根据式 $\nu'=\dfrac{\nu}{1-\nu}$ 进行替换即可。

对于常体力情况，相容方程（2-13）可简化为拉普拉斯方程：

$$
\left(\frac{\partial^2}{\partial x^2} + \frac{\partial^2}{\partial y^2}\right)(\sigma_x + \sigma_y) = 0
\tag{2-14}
$$

令 $\nabla^2 = \dfrac{\partial^2}{\partial x^2} + \dfrac{\partial^2}{\partial y^2}$，则有 $\nabla^2(\sigma_x + \sigma_y) = 0$。

2.3.2 应力函数

按应力求解应力边界问题时，应力分量 σ_x、σ_y、τ_{xy} 应当满足平衡微分方程式（2-8）以及相容方程式（2-14），并在边界上满足应力边界条件和位移边界条件。

平衡方程组（2-8）为一个非齐次微分方程组，常体力情况下，简化为以下齐次微分方程：

$$\left.\begin{array}{l}\dfrac{\partial \sigma_x}{\partial x} + \dfrac{\partial \tau_{yx}}{\partial y} = 0 \\[3mm] \dfrac{\partial \sigma_y}{\partial y} + \dfrac{\partial \tau_{xy}}{\partial x} = 0\end{array}\right\} \tag{2-15}$$

根据微分方程（2-15）第一式，可知，必然存在函数 $A(x, y)$ 满足：

$$\sigma_x = \frac{\partial A}{\partial y}, \quad -\tau_{xy} = \frac{\partial A}{\partial x}$$

同样，根据微分方程（2-15）第二式，可知，必然存在函数 $B(x, y)$ 满足：

$$\sigma_y = \frac{\partial B}{\partial x}, \quad -\tau_{xy} = \frac{\partial B}{\partial y}$$

从而有：

$$\frac{\partial A}{\partial x} = \frac{\partial B}{\partial y}$$

则必然又存在函数 $U(x, y)$ 满足：

$$A = \frac{\partial U}{\partial y}, \quad B = \frac{\partial U}{\partial x}$$

因而应力分量可表示为：

$$\sigma_x = \frac{\partial^2 U}{\partial y^2}, \quad \sigma_y = \frac{\partial^2 U}{\partial x^2}, \quad \tau_{xy} = -\frac{\partial^2 U}{\partial x \partial y} \tag{2-16}$$

将式（2-16）代入相容方程式（2-14）可得：

$$\left(\frac{\partial^2}{\partial x^2} + \frac{\partial^2}{\partial y^2}\right)\left(\frac{\partial^2 U}{\partial x^2} + \frac{\partial^2 U}{\partial y^2}\right) = 0 \tag{2-17a}$$

也可展开为：

$$\frac{\partial^4 U}{\partial x^4} + 2\frac{\partial^4 U}{\partial x^2 \partial y^2} + \frac{\partial^4 U}{\partial y^4} = 0 \tag{2-17b}$$

式（2-17）即为用应力函数表示的相容方程。由此可见，应力函数应当是重调和函数。式（2-17）进一步简写为：

$$\nabla^2 \nabla^2 U = 0$$

或：

$$\nabla^4 U = 0$$

2.3.3 应力函数的复变函数表示

引进复变函数 $z = x + iy$ 和其共轭 $\bar{z} = x - iy$ 以代替实变数 x 和 y，有：

11

$$\frac{\partial z}{\partial x}=1,\quad \frac{\partial z}{\partial y}=i,\quad \frac{\partial \bar{z}}{\partial x}=1,\quad \frac{\partial \bar{z}}{\partial y}=-i$$

$$\frac{\partial U}{\partial x}=\frac{\partial U}{\partial z}\frac{\partial z}{\partial x}+\frac{\partial U}{\partial \bar{z}}\frac{\partial \bar{z}}{\partial x}=\left(\frac{\partial}{\partial z}+\frac{\partial}{\partial \bar{z}}\right)U \tag{2-18a}$$

同理：

$$\frac{\partial U}{\partial y}=i\left(\frac{\partial}{\partial z}-\frac{\partial}{\partial \bar{z}}\right)U \tag{2-18b}$$

则：

$$\nabla^2 U=\frac{\partial^2 U}{\partial x}+\frac{\partial^2 U}{\partial y}=\left(\frac{\partial}{\partial z}+\frac{\partial}{\partial \bar{z}}\right)^2 U-\left(\frac{\partial}{\partial z}-\frac{\partial}{\partial \bar{z}}\right)^2 U=4\frac{\partial^2 U}{\partial z\partial \bar{z}} \tag{2-19}$$

因此，可将相容方程$\nabla^4 U=0$变换为$16\frac{\partial^4 U}{\partial z^2\partial \bar{z}^2}=0$，即：

$$\frac{\partial^4 U}{\partial z^2\partial \bar{z}^2}=0$$

将上式z及$\bar{z}$各积分两次，得到：

$$U=f_1(z)+\bar{z}f_2(z)+f_3(\bar{z})+zf_4(\bar{z})$$

由于应力函数U为实函数，则上式右边的四项一定是两两共轭，即：

$$\overline{f_1(z)}=f_3(\bar{z}),\overline{f_2(z)}=f_4(\bar{z})$$

于是有：

$$U=f_1(z)+\bar{z}f_2(z)+\overline{f_1(z)}+z\overline{f_2(z)}$$

若令$f_1(z)=\frac{1}{2}\chi(z)$，$f_2(z)=\frac{1}{2}\varphi(z)$

可得到 Goursat 古萨公式：

$$U=\frac{1}{2}\left[\bar{z}\varphi(z)+z\overline{\varphi(z)}+\chi(z)+\overline{\chi(z)}\right] \tag{2-20}$$

或者可以改写为：

$$U=\mathrm{Re}[\bar{z}\varphi(z)+\chi(z)] \tag{2-21}$$

因此，应力函数总可用复数函数z的两个解析函数$\varphi(z)$和$\chi(z)$表示。

2.3.4　应力和位移的复变函数表示

根据式（2-16）和式（2-19）可得：

$$\sigma_y+\sigma_x=\frac{\partial^2 U}{\partial x}+\frac{\partial^2 U}{\partial y}=4\frac{\partial^2 U}{\partial z\partial \bar{z}}$$

由式（2-20）得：

$$\sigma_y+\sigma_x=2[\varphi'(z)+\overline{\varphi'(z)}]=4\mathrm{Re}\varphi'(z) \tag{2-22}$$

又因为：

$$\sigma_y-\sigma_x+2i\tau_{xy}=\frac{\partial^2 U}{\partial x^2}-\frac{\partial^2 U}{\partial y^2}-2i\frac{\partial^2 U}{\partial x\partial y}=\left(\frac{\partial}{\partial x}-i\frac{\partial}{\partial y}\right)^2 U$$

根据式（2-18a）和式（2-18b）可知：

$$\left(\frac{\partial}{\partial x}-i\frac{\partial}{\partial y}\right)^2 U=4\frac{\partial^2 U}{\partial z^2}$$

进而由式（2-20）可得：

$$\sigma_y-\sigma_x+2i\tau_{xy}=2\left[\overline{z}\varphi''(z)+\chi''(z)\right]$$

令 $\psi(z)=\chi'(z)$：

$$\sigma_y-\sigma_x+2i\tau_{xy}=2\left[\overline{z}\varphi''(z)+\psi'(z)\right] \tag{2-23}$$

式（2-22）、式（2-23）即应力分量的复变函数表示。

对于平面应力问题，根据几何方程组（12-9）及物理方程组（2-10）：

$$E\frac{\partial u}{\partial x}=\sigma_x-\nu\sigma_y=(\sigma_x+\sigma_y)-(1+\nu)\sigma_y \tag{2-24a}$$

$$E\frac{\partial v}{\partial y}=\sigma_y-\nu\sigma_x=(\sigma_x+\sigma_y)-(1+\nu)\sigma_x \tag{2-24b}$$

$$\frac{E}{2(1+\nu)}\left(\frac{\partial v}{\partial x}+\frac{\partial u}{\partial y}\right)=\tau_{xy} \tag{2-24c}$$

由式（2-22），且 $\sigma_y=\dfrac{\partial^2 U}{\partial x^2}$，可将式（2-24a）进一步表示为：

$$E\frac{\partial u}{\partial x}=2\left[\varphi_1'(z)+\overline{\varphi_1'(z)}\right]-(1+\nu)\frac{\partial^2 U}{\partial x^2}$$
$$=2\frac{\partial}{\partial x}\left[\varphi_1(z)+\overline{\varphi_1(z)}\right]-(1+\nu)\frac{\partial^2 U}{\partial x^2} \tag{2-25}$$

同理，由式（2-22），且 $\sigma_x=\dfrac{\partial^2 U}{\partial y^2}$，可将式（2-24b）进一步表示为：

$$E\frac{\partial v}{\partial y}=2\left[\varphi_1'(z)+\overline{\varphi_1'(z)}\right]-(1+\nu)\frac{\partial^2 U}{\partial y^2}$$
$$=-2i\frac{\partial}{\partial y}\left[\varphi_1(z)-\overline{\varphi_1(z)}\right]-(1+\nu)\frac{\partial^2 U}{\partial y^2} \tag{2-26}$$

将式（2-25）、式（2-26）分别对 x 和 y 积分得：

$$\left.\begin{aligned}
Eu=2\left[\varphi_1(z)+\overline{\varphi_1(z)}\right]-(1+\nu)\frac{\partial U}{\partial x}+f_1(y)\\
Ev=-2i\left[\varphi_1(z)-\overline{\varphi_1(z)}\right]-(1+\nu)\frac{\partial U}{\partial y}+f_2(x)
\end{aligned}\right\} \tag{2-27}$$

式中，$f_1(y)$ 和 $f_2(x)$ 为任意函数。

将式（2-27）代入式（2-24c）并根据 $\tau_{xy}=-\dfrac{\partial^2 U}{\partial x\partial y}$，可得：

$$-\frac{\mathrm{d}f_1(y)}{\mathrm{d}y}=\frac{\mathrm{d}f_2(x)}{\mathrm{d}x}$$

解为 $f_1(y)=u_0-wy,f_2(x)=v_0+wx$。

若不计以上刚体位移，由式（2-27）可得：

$$E(u+iv)=4\varphi_1(z)-(1+\nu)\left(\frac{\partial U}{\partial x}+i\frac{\partial U}{\partial y}\right) \tag{2-28}$$

由式（2-18a）、式（2-18b）、式（2-20）得：

$$\frac{\partial U}{\partial x}+i\frac{\partial U}{\partial y}=2\overline{\frac{\partial U}{\partial z}}=\varphi_1(z)+z\overline{\varphi_1'(z)}+\overline{\theta_1'(z)}$$

$$=\varphi_1(z)+\overline{z\varphi_1'(z)}+\overline{\psi_1'(z)}$$

代入式（2-28），得：

$$E(u+iv)=(3-\nu)\varphi_1(z)-(1+\nu)\left[\overline{z\varphi_1'(z)}+\overline{\psi_1(z)}\right]$$

两边除以 $1+\nu$ 得：

$$\frac{E}{1+\nu}(u+iv)=\frac{3-\nu}{1+\nu}\varphi_1(z)-\overline{z\varphi_1'(z)}-\overline{\psi_1(z)} \tag{2-29}$$

式（2-29）即为位移分量的复变函数表示。

对于平面应变情况，只需将式（2-29）中 E 改为 $\dfrac{E}{1-\nu^2}$，ν 改为 $\dfrac{\nu}{1-\nu}$。

式（2-22）、式（2-23）、式（2-29）即为应力、位移分量的复变函数表示。

2.4　平面裂缝尖端解的形式

引入 Goursat 函数：

$$\varphi(z)=\sum_{n=0}^{\infty}A_n z^{\lambda_n},\chi(z)=\sum_{n=0}^{\infty}B_n z^{\lambda_{n+1}} \tag{2-30}$$

特征值 $\lambda_n(n=0,1,2,\cdots)$ 为实常数，A_n、B_n 为复常数。

$$A_n=a_n^1+ia_n^2,\quad B_n=b_n^1+ib_n^2$$

根据裂缝表面边界条件：

$$\sigma_y=\tau_{xy}=0,\quad \theta=\pm\pi \tag{2-31}$$

根据式（2-22）、式（2-23），可得：

$$\sigma_y+i\tau_{xy}=\varphi'(z)+\overline{\varphi'(z)}+\bar{z}\varphi''(z)+\chi''(z) \tag{2-32}$$

将式（2-30）代入，考虑到 $z=re^{i\theta}$，可得：

$$\sigma_y+i\tau_{xy}=\sum_{n=0}^{\infty}\{\lambda_n r^{(\lambda_n-1)}\left[A_n e^{i\theta(\lambda_n-1)}+\overline{A_n}e^{-i\theta(\lambda_n-1)}+\right.$$

$$\left.(\lambda_n-1)e^{i\theta(\lambda_n-3)}+B_n(\lambda_n+1)e^{i\theta(\lambda_n-1)}\right]\} \tag{2-33}$$

将边界条件式（2-31）代入式（2-33）可得如下方程：

当 $\theta=\pi$ 时

$$0=A_n\lambda_n+\overline{A_n}(\cos2\pi\lambda_n-i\sin2\pi\lambda_n)+B_n(1+\lambda_n) \tag{2-34}$$

当 $\theta=-\pi$ 时

$$0=A_n\lambda_n+\overline{A_n}(\cos2\pi\lambda_n+\sin2\pi\lambda_n)+B_n(1+\lambda_n) \tag{2-35}$$

式（2-34）与式（2-35）两式相减，可得：

$$\sin2\pi\lambda_n=0 \text{ 或 } \lambda_n=\frac{n}{2},n=0,1,2\cdots \tag{2-36}$$

代入式（2-33），考虑式（2-31），可得：

$$\frac{n}{2}A_n+(-1)^n\overline{A_n}+B_n\left(\frac{n}{2}+1\right)=0 \tag{2-37}$$

代入 A_n 和 B_n 的表达式，分离实部和虚部，可得：

$$-b_n^1=\frac{a_n^1\left[\frac{n}{2}+(-1)^n\right]}{\left(\frac{n}{2}+1\right)} \qquad -b_n^2=\frac{a_n^2\left[\frac{n}{2}-(-1)^n\right]}{\left(\frac{n}{2}+1\right)} \tag{2-38}$$

根据式（2-23），可得如下表达式：

$$\begin{aligned}
\sigma_x+i\tau_{xy}&=2\mathrm{Re}\varphi'(z)+\overline{z}\varphi''(z)+\chi''(z)\\
&=\sum_{n=1}^{\infty}\left\{2\mathrm{Re}\left[(a_n^1+ia_n^2)\frac{n}{2}r^{\left(\frac{n}{2}-1\right)}e^{i\theta\left(\frac{n}{2}-1\right)}\right]+\right.\\
&\quad (a_n^1+ia_n^2)re^{-i\theta}\frac{n}{2}\left(\frac{n}{2}-1\right)r^{\left(\frac{n}{2}-2\right)}e^{i\theta\left(\frac{n}{2}-2\right)}+\\
&\quad \left.(b_n^1+ib_n^2)\left(\frac{n}{2}+1\right)\frac{n}{2}r^{\left(\frac{n}{2}-1\right)}e^{i\theta\left(\frac{n}{2}-1\right)}\right\}
\end{aligned} \tag{2-39}$$

根据复数三角法则，分离实部和虚部，并应用式（2-38），可得：

$$\begin{aligned}
\sigma_y=\sum_{n=1}^{\infty}\frac{n}{2}r^{\left(\frac{n}{2}-1\right)}\times&\left\{a_n^1\left\{\left[2-\frac{n}{2}-(-1)^n\right]\cos\left(\frac{n}{2}-1\right)\theta+\left(\frac{n}{2}-1\right)\cos\left(\frac{n}{2}-3\right)\theta\right\}\right.\\
&\left.-a_n^2\left\{\left[2-\frac{n}{2}+(-1)^n\right]\sin\left(\frac{n}{2}-1\right)\theta+\left(\frac{n}{2}-1\right)\sin\left(\frac{n}{2}-3\right)\theta\right\}\right\}
\end{aligned} \tag{2-40}$$

及

$$\begin{aligned}
\tau_{xy}=\sum_{n=1}^{\infty}\frac{n}{2}r^{\left(\frac{n}{2}-1\right)}\times&\left\{a_n^1\left\{\left(\frac{n}{2}-1\right)\sin\left(\frac{n}{2}-1\right)\theta-\left[\frac{n}{2}+(-1)^n\right]\sin\left(\frac{n}{2}-1\right)\theta\right\}\right.\\
&\left.-a_n^2\left\{\left(\frac{n}{2}-1\right)\cos\left(\frac{n}{2}-3\right)\theta-\left[\frac{n}{2}-(-1)^n\right]\cos\left(\frac{n}{2}-1\right)\theta\right\}\right\}
\end{aligned} \tag{2-41}$$

类似的，由式（2-23），可得 σ_x 的表达式：

$$\begin{aligned}
\sigma_x=\sum_{n=1}^{\infty}\frac{n}{2}r^{\left(\frac{n}{2}-1\right)}\times&\left\{a_n^1\left\{\left[2+\frac{n}{2}+(-1)^n\right]\cos\left(\frac{n}{2}-1\right)\theta-\left(\frac{n}{2}-1\right)\cos\left(\frac{n}{2}-3\right)\theta\right\}\right.\\
&\left.-a_n^2\left\{\left[2+\frac{n}{2}-(-1)^n\right]\sin\left(\frac{n}{2}-1\right)\theta-\left(\frac{n}{2}-1\right)\sin\left(\frac{n}{2}-3\right)\theta\right\}\right\}
\end{aligned} \tag{2-42}$$

位移分量 u 和 v 可由下式：

$$2\nu(u+iv)=\kappa\varphi(z)-z\overline{\varphi'(z)}-\overline{\chi'(z)} \tag{2-43}$$

代入式（2-30）可得：

$$\begin{aligned}
2\nu(u+iv)&=\sum_{n=1}^{\infty}\left[\kappa A_n z^{\frac{n}{2}}-z\overline{A_n\frac{n}{2}z^{\left(\frac{n}{2}-1\right)}}-\overline{B_n\left(\frac{n}{2}+1\right)z^{\frac{n}{2}}}\right]\\
&=\sum_{n=1}^{\infty}\left[\kappa A_n r^{\frac{n}{2}}e^{\frac{n}{2}i\theta}-re^{i\theta}\overline{An}\frac{n}{2}r^{\left(\frac{n}{2}-1\right)}e^{-i\theta\left(\frac{n}{2}-1\right)}-\overline{B_n}\left(\frac{n}{2}+1\right)r^{\frac{n}{2}}e^{-\frac{n}{2}i\theta}\right]
\end{aligned}$$

或

$$
\begin{aligned}
2(u+iv) = \sum_{n=1}^{\infty} r^{\frac{n}{2}} \Big\{ & \kappa(a_n^1+ia_n^2)\Big(\cos\frac{n}{2}\theta+i\sin\frac{n}{2}\theta\Big) \\
& -\frac{n}{2}(a_n^1-ia_n^2)\Big[\cos\Big(\frac{n}{2}-2\Big)\theta-i\sin\Big(\frac{n}{2}-2\Big)\theta\Big] \\
& -\Big(\frac{n}{2}+1\Big)(b_n^1-ib_n^2)\Big(\cos\frac{n}{2}\theta-i\sin\frac{n}{2}\theta\Big) \Big\}
\end{aligned}
$$

分离实部和虚部，并根据式（2-38），

$$
\begin{aligned}
u = \sum_{n=1}^{\infty} \frac{r^{\frac{n}{2}}}{2\nu} \times \Big\{ & a_n^1\Big\{\Big[\kappa+\frac{n}{2}+(-1)^n\Big]\cos\frac{n}{2}\theta-\frac{n}{2}\cos\Big(\frac{n}{2}-2\Big)\theta\Big\} \\
& -a_n^2\Big\{\Big[\kappa+\frac{n}{2}-(-1)^n\Big]\sin\frac{n}{2}\theta-\frac{n}{2}\sin\Big(\frac{n}{2}-2\Big)\theta\Big\} \Big\}
\end{aligned} \tag{2-44}
$$

以及

$$
\begin{aligned}
v = \sum_{n=1}^{\infty} \frac{r^{\frac{n}{2}}}{2\nu} \times \Big\{ & a_n^1\Big\{\Big[\kappa-\frac{n}{2}-(-1)^n\Big]\sin\frac{n}{2}\theta+\frac{n}{2}\sin\Big(\frac{n}{2}-2\Big)\theta\Big\} \\
& +a_n^2\Big\{\Big[\kappa-\frac{n}{2}+(-1)^n\Big]\cos\frac{n}{2}\theta+\frac{n}{2}\cos\Big(\frac{n}{2}-2\Big)\theta\Big\} \Big\}
\end{aligned} \tag{2-45}
$$

根据式（2-40）、式（2-41）、式（2-42），可以看出应力第一项为 $\sqrt{r}$ 的导数，导致应力为无限大，而高阶项在裂缝尖端取值为零，因为仅仅第一项与裂缝尖端奇异性有关。将特定情况 $n=1$ 代入式（2-40）~式（2-45），可得裂缝尖端应力场及位移场表达式：

$$
\begin{aligned}
\sigma_x &= \frac{a_1^1}{\sqrt{r}}\Big(1-\sin\frac{\theta}{2}\sin\frac{3\theta}{2}\Big)\cos\frac{\theta}{2}+\frac{a_1^2}{\sqrt{r}}\Big(2+\cos\frac{\theta}{2}\cos\frac{3\theta}{2}\Big)\sin\frac{\theta}{2} \\
\sigma_y &= \frac{a_1^1}{\sqrt{r}}\Big(1+\sin\frac{\theta}{2}\sin\frac{3\theta}{2}\Big)\cos\frac{\theta}{2}-\frac{a_1^2}{\sqrt{r}}\cos\frac{\theta}{2}\cos\frac{3\theta}{2}\sin\frac{\theta}{2} \\
\tau_{xy} &= \frac{a_1^1}{\sqrt{r}}\cos\frac{\theta}{2}\cos\frac{3\theta}{2}\sin\frac{\theta}{2}-\frac{a_1^2}{\sqrt{r}}\Big(1-\sin\frac{\theta}{2}\sin\frac{3\theta}{2}\Big)\cos\frac{\theta}{2} \\
u &= \frac{a_1^1\sqrt{r}}{4\nu}\Big[(2\kappa-1)\cos\frac{\theta}{2}-\cos\frac{3\theta}{2}\Big]-\frac{a_1^2\sqrt{r}}{4\nu}\Big[(2\kappa+3)\sin\frac{\theta}{2}+\sin\frac{3\theta}{2}\Big] \\
v &= \frac{a_1^1\sqrt{r}}{4\nu}\Big[(2\kappa+1)\sin\frac{\theta}{2}-\sin\frac{3\theta}{2}\Big]+\frac{a_1^2\sqrt{r}}{4\nu}\Big[(2\kappa-3)\cos\frac{\theta}{2}+\cos\frac{3\theta}{2}\Big]
\end{aligned} \tag{2-46}
$$

当 $\theta=0$ 时，由式（2-46）可得应力场如下：

$$
\left.\begin{aligned}
\sigma_x &= \frac{a_1^1}{\sqrt{x}} \\
\sigma_y &= \frac{a_1^1}{\sqrt{y}} \\
\tau_{xy} &= \frac{a_1^2}{\sqrt{x}}
\end{aligned}\right\} \tag{2-47}
$$

Irwin 指出，对应于三种位移模式的裂纹尖端区域的主应力分量可以表示为：

$$\sigma_{\mathrm{y}}=\frac{K_{\mathrm{I}}}{\sqrt{2\pi r}}f(\theta), \quad \tau_{\mathrm{xy}}=\frac{K_{\mathrm{II}}}{\sqrt{2\pi r}}f(\theta), \quad \tau_{\mathrm{yz}}=\frac{K_{\mathrm{III}}}{\sqrt{2\pi r}}f(\theta) \tag{2-48}$$

对比 Irwin 表达式（2-48）：

$$a_1^1=\frac{K_{\mathrm{I}}}{\sqrt{2\pi}}$$

$$a_1^2=\frac{K_{\mathrm{II}}}{\sqrt{2\pi}} \tag{2-49}$$

2.5 Westergaard 方法

对于带裂纹的平面问题，利用 Westergaard 方法，很容易求出裂纹尖端附近的应力场、位移场。

2.5.1 Westergaard 应力函数

Westergaard 用解析函数 $Z(z)$ 作应力函数，引入标记：

$$\widetilde{\widetilde{Z}}(z)=\frac{\mathrm{d}\widetilde{\widetilde{Z}}(z)}{\mathrm{d}z}, \quad \widetilde{Z}(z)=\frac{\mathrm{d}\widetilde{Z}(z)}{\mathrm{d}z}, \quad Z'(z)=\frac{\mathrm{d}Z(z)}{\mathrm{d}z} \tag{2-50}$$

由复变函数理论，解析函数的导数和积分均为解析函数。现在根据式（2-50）及 Cauchy-Riemann 方程导出一个有用的表达式。由于：

$$Z=\mathrm{Re}Z+i\,\mathrm{Im}Z$$

对 x 求偏导数：

$$\frac{\partial Z}{\partial x}=\frac{\partial\mathrm{Re}Z}{\partial x}+i\,\frac{\partial\mathrm{Im}Z}{\partial x}$$

此外，还可写成：

$$\frac{\partial Z}{\partial x}=\frac{\mathrm{d}Z}{\mathrm{d}z}\frac{\partial z}{\partial x}=Z'$$

因此，有：

$$Z'=\frac{\partial\mathrm{Re}Z}{\partial x}+i\,\frac{\partial\mathrm{Im}Z}{\partial x}$$

分开实部和虚部，并考虑到 Cauchy-Riemann 方程，可得到下述关系：

$$\left.\begin{array}{l}\mathrm{Re}Z'=\dfrac{\partial\mathrm{Re}Z}{\partial x}=\dfrac{\partial\mathrm{Im}Z}{\partial y}\\[3mm]\mathrm{Im}Z'=\dfrac{\partial\mathrm{Im}Z}{\partial x}=-\dfrac{\partial\mathrm{Re}Z}{\partial y}\end{array}\right\} \tag{2-51}$$

这样，利用式（2-51），不难将弹性力学平面问题的应力、位移用 Westergaard 应力函数表示出来。

2.5.2 应力和位移的应力函数表示

（1）Ⅰ型裂纹问题

在这里，记Ⅰ型裂纹问题得 Westergaard 应力函数为 $Z_I(z)$，若选取应力函数 Z_I 与 Airy 应力函数 U 之间有如下的关系：

$$U(x,y) = \text{Re}\overset{\approx}{Z}_I + \text{Im}\widetilde{Z}_I \tag{2-52}$$

则 $U(x，y)$ 满足平面问题的双调和方程。于是，根据 Airy 应力函数与应力分量的关系式（2-16）：

$$\sigma_x = \frac{\partial^2 U}{\partial y^2}, \quad \sigma_y = \frac{\partial^2 U}{\partial x^2}, \quad \tau_{xy} = -\frac{\partial^2 U}{\partial x \partial y}$$

并利用式（2-51），可得：

$$\sigma_x = \frac{\partial^2 U}{\partial y^2} = \frac{\partial^2}{\partial y^2}(\text{Re}\overset{\approx}{Z}_I + y\text{Im}\widetilde{Z}_I)$$

$$= \frac{\partial}{\partial y}\left(\frac{\partial \text{Re}\overset{\approx}{Z}_I}{\partial y} + y\frac{\partial \text{Im}\widetilde{Z}_I}{\partial y} + \text{Im}\widetilde{Z}_I\right)$$

$$= \frac{\partial}{\partial y}(-\text{Im}\widetilde{Z}_I + y\text{Re}Z_I + \text{Im}\widetilde{Z}_I)$$

$$= \text{Re}Z_I + y\frac{\partial \text{Re}Z_I}{\partial y} = \text{Re}Z_I - y\text{Im}Z'$$

类似地，可导出 σ_x，τ_{xy} 的表达式。由此可得：

$$\left.\begin{array}{l} \sigma_x = \text{Re}Z_I - y\text{Im}Z' \\ \sigma_y = \text{Re}Z_I + y\text{Im}Z' \\ \tau_{xy} = -y\text{Re}Z'_I \end{array}\right\} \tag{2-53}$$

下面导出相应的位移表达式，先考虑平面应力问题，将式（2-53）代入弹性力学平面应力问题的几何方程（2-9）、物理方程（2-10），可得：

$$\frac{\partial u}{\partial x} = \frac{1}{E}(\sigma_x - \nu\sigma_y)$$

式中，E 为弹性模量，ν 为泊松比，ε_i、γ_{ij} 为应变。上式等式两边对 x 积分，结合式（2-51），可得：

$$u = \frac{1}{E}\int[\text{Re}Z_I - y\text{Im}Z'_I - \nu(\text{Re}Z_I + y\text{Im}Z_I)]\,dx$$

$$= \frac{1}{E}\int\left[(1-\nu)\frac{\partial \text{Re}\widetilde{Z}_I}{\partial x} - (1+\nu)y\frac{\partial \text{Im}Z_I}{\partial x}\right]dx$$

$$= \frac{1}{E}[(1-\nu)\text{Re}\widetilde{Z}_I - (1+\nu)y\text{Im}Z_I]$$

类似地，可得 v 的表达式。由此可得：

$$\left.\begin{array}{l} u = \dfrac{1}{E}[(1-\nu)\text{Re}\widetilde{Z}_I - (1+\nu)y\text{Im}Z_I] \\[2mm] v = \dfrac{1}{E}[2\text{Im}\widetilde{Z}_I - (1+\nu)y\text{Re}Z_I] \end{array}\right\} \tag{2-54}$$

由弹性力学平面问题的理论可知，只要作材料常数代换：

$$E \rightarrow \frac{E}{1-\nu^2}, \quad \nu \rightarrow \frac{\nu}{1-\nu}$$

就可由平面应力的相应关系得到平面应变的相关关系。反之，由：

$$E \rightarrow \frac{E(1+2\nu)}{(1+\nu)^2}, \quad \nu \rightarrow \frac{\nu}{1+\nu}$$

就可由平面应变的相应关系得到平面应力的相应关系。因此，作此常数代换，由式（2-54），很容易得到平面应变下的位移表达式：

$$\left.\begin{array}{l} u=\dfrac{1+\nu}{E}\left[(1-2\nu)\operatorname{Re}\widetilde{Z}_{\mathrm{I}}-y\operatorname{Im}Z_{\mathrm{I}}\right] \\[2mm] v=\dfrac{1+\nu}{E}\left[2(1-\nu)\operatorname{Im}\widetilde{Z}_{\mathrm{I}}-y\operatorname{Re}Z_{\mathrm{I}}\right] \end{array}\right\} \tag{2-55}$$

为了方便，可以把式（2-54）、式（2-55）统一写成：

$$\left.\begin{array}{l} u=\dfrac{1+\nu}{E}\left[\dfrac{\kappa-1}{2}\operatorname{Re}\widetilde{Z}_{\mathrm{I}}-y\operatorname{Im}Z_{\mathrm{I}}\right] \\[2mm] v=\dfrac{1+\nu}{E}\left[\dfrac{\kappa+1}{2}\operatorname{Im}\widetilde{Z}_{\mathrm{I}}-y\operatorname{Re}Z_{\mathrm{I}}\right] \end{array}\right\} \tag{2-56}$$

式中：

$$\kappa=\begin{cases} \dfrac{3-\nu}{1+\nu} & \text{平面应力} \\[2mm] 3-4\nu & \text{平面应变} \end{cases} \tag{2-57}$$

（2）Ⅱ型裂纹问题

在这里，Westergaard 应力函数记为 Z_{II}。同样，若选取 Westergaard 应力函数与 Airy 应力函数有关系：

$$U(x,y)=-y\operatorname{Re}\widetilde{Z}_{\mathrm{II}}$$

则 $U(x,y)$ 满足平面问题的双调和方程。利用与Ⅰ型裂纹完全类似的推导，可以得到Ⅱ型裂纹问题中应力分量用 Z_{II} 表示的关系式：

$$\left.\begin{array}{l} \sigma_x=2\operatorname{Im}Z_{\mathrm{II}}+y\operatorname{Re}Z'_{\mathrm{II}} \\ \sigma_y=-y\operatorname{Re}Z'_{\mathrm{II}} \\ \tau_{xy}=-y\operatorname{Im}Z'_{\mathrm{II}}+\operatorname{Re}Z_{\mathrm{II}} \end{array}\right\} \tag{2-58}$$

平面应力问题的位移表达式：

$$\left.\begin{array}{l} u=\dfrac{1}{E}\left[2\operatorname{Im}\widetilde{Z}_{\mathrm{II}}+(1+\nu)y\operatorname{Re}Z_{\mathrm{II}}\right] \\[2mm] v=\dfrac{1}{E}\left[-(1-\nu)\operatorname{Re}\widetilde{Z}_{\mathrm{II}}-(1+\nu)y\operatorname{Im}Z_{\mathrm{II}}\right] \end{array}\right\} \tag{2-59}$$

平面应变问题的位移表达式：

$$\left.\begin{array}{l} u=\dfrac{1+\nu}{E}\left[2(1-\nu)\operatorname{Im}\widetilde{Z}_{\mathrm{II}}+y\operatorname{Re}Z_{\mathrm{II}}\right] \\[2mm] v=\dfrac{1+\nu}{E}\left[-(1-2\nu)\operatorname{Re}\widetilde{Z}_{\mathrm{II}}-y\operatorname{Im}Z_{\mathrm{II}}\right] \end{array}\right\} \tag{2-60}$$

式（2-59），式（2-60）可统一写成：

$$u = \frac{1+\nu}{E}\left(\frac{\kappa+1}{2}\mathrm{Im}\widetilde{Z}_{\mathrm{II}} + y\,\mathrm{Re}Z_{\mathrm{II}}\right) \left.\begin{array}{c} \\ \\ \\ \end{array}\right\}$$
$$v = \frac{1+\nu}{E}\left(-\frac{\kappa-1}{2}\mathrm{Re}\widetilde{Z}_{\mathrm{II}} - y\,\mathrm{Im}Z_{\mathrm{II}}\right)$$

(2-61)

式中，k 由式（2-57）确定。

这样，用 Westergaard 方法求解 I 型和 II 型裂纹问题，就归结为寻求满足边界条件的解析函数 $Z_{\mathrm{I}}(z)$，$Z_{\mathrm{II}}(z)$。

2.5.3　无限大板 I 型裂纹问题的应力场和位移场

在本书中，如果我们能够找到满足问题的基本方程和全部边界条件的应力场、位移场，显然，这种解答对裂纹体的任意一点都成立，我们称为全场解。但是，一方面，并非所有问题都能很容易找到全场解；另一方面，在断裂力学中，裂缝尖端附近的应力场强度，主要取决于裂纹尖端局部区域的应力场。下面将看到，我们能找到这样的解，它不能满足问题的全部边界条件，但能描述裂纹尖端局部区域的应力场、位移场，这样的解称为局部解。

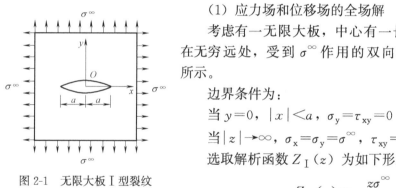

图 2-1　无限大板 I 型裂纹

（1）应力场和位移场的全场解

考虑有一无限大板，中心有一长为 $2a$ 的穿透裂纹，在无穷远处，受到 σ^{∞} 作用的双向均匀拉力，如图 2-1 所示。

边界条件为：

当 $y=0$，$|x|<a$，$\sigma_{\mathrm{y}}=\tau_{\mathrm{xy}}=0$

当 $|z|\to\infty$，$\sigma_{\mathrm{x}}=\sigma_{\mathrm{y}}=\sigma^{\infty}$，$\tau_{\mathrm{xy}}=0$

选取解析函数 $Z_{\mathrm{I}}(z)$ 为如下形式：

$$Z_{\mathrm{I}}(z) = \frac{z\sigma^{\infty}}{\sqrt{z^2-a^2}}$$

(2-62)

不难验证，应力函数 Z_{I} 可以满足全部边界条件。因为，在无穷远处：

$$\lim_{|z|\to\infty} Z_{\mathrm{I}} = \lim_{|z|\to\infty} \frac{z\sigma^{\infty}}{\sqrt{z^2-a^2}} = \sigma^{\infty}$$

$$\lim_{|z|\to\infty} Z'_{\mathrm{I}} = \lim_{|z|\to\infty} \frac{-a^2\sigma^{\infty}}{(z^2-a^2)^{\frac{3}{2}}} = 0$$

由式（2-53）可知：

$$\sigma_{\mathrm{x}} = \sigma_{\mathrm{y}} = \sigma^{\infty}, \quad \tau_{\mathrm{xy}} = 0。$$

在裂纹表面处，即 $y=0$，$|x|<a$ 处，有：

$$Z_{\mathrm{I}} = \frac{z\sigma^{\infty}}{\sqrt{z^2-a^2}} = \frac{x\sigma^{\infty}}{\sqrt{x^2-a^2}}$$

为一虚数，由式（2-53），有 $\sigma_{\mathrm{y}}=\sigma_{\mathrm{xy}}=0$。可见，满足全部边界条件。

现在只需将 Z_{I} 代入式（2-53）和式（2-56）就可以求得裂纹体任意一点的应力和位

移。在图 2-2 所示的坐标系中，任意一点 z 可表示为：

$$z=re^{i\theta}, \quad z-a=r_1e^{i\theta_1}, \quad z+a=r_2e^{i\theta_2}$$

所以，由式（2-62）：

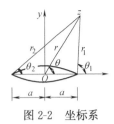

图 2-2　坐标系

$$Z_{\mathrm{I}}(z)=\frac{re^{i\theta}\sigma^{\infty}}{\sqrt{r_1e^{i\theta_1}\cdot r_2e^{i\theta_2}}}=\frac{r\sigma^{\infty}}{\sqrt{r_1r_2}}e^{i\left(\theta-\frac{\theta_1+\theta_2}{2}\right)}$$

$$=\frac{r\sigma^{\infty}}{\sqrt{r_1r_2}}\left[\cos\left(\theta-\frac{\theta_1+\theta_2}{2}\right)+i\sin\left(\theta-\frac{\theta_1+\theta_2}{2}\right)\right]$$

$$Z_{\mathrm{I}}'(z)=-\frac{a^2\sigma^{\infty}}{(z^2-a^2)^{\frac{3}{2}}}=-\frac{a^2\sigma^{\infty}}{(r_1r_2)^{\frac{3}{2}}}e^{-\frac{3i(\theta_1+\theta_2)}{2}}$$

$$=-\frac{a^2\sigma^{\infty}}{(r_1r_2)^3}\left[\cos\frac{3(\theta_1+\theta_2)}{2}-i\sin\frac{3(\theta_1+\theta_2)}{2}\right]$$

$$\widetilde{Z}_{\mathrm{I}}(z)=\int\frac{z\sigma^{\infty}}{\sqrt{z^2-a^2}}\mathrm{d}z=\sigma^{\infty}\sqrt{z^2-a^2}=\sigma^{\infty}\sqrt{r_1r_2}e^{\frac{i(\theta_1+\theta_2)}{2}}$$

$$=\sqrt{r_1r_2}\left(\cos\frac{\theta_1+\theta_2}{2}+i\sin\frac{\theta_1+\theta_2}{2}\right)$$

将 $Z_{\mathrm{I}}(z)$，$Z_{\mathrm{I}}'(z)$ 的实部和虚部代入式（2-53），并注意到 $y=r\sin\theta$，则任意一点的应力为：

$$\left.\begin{aligned}\sigma_{\mathrm{x}}&=\frac{r\sigma^{\infty}}{\sqrt{r_1r_2}}\left[\cos\left(\theta-\frac{\theta_1+\theta_2}{2}\right)-\frac{a^2}{r_1r_2}\sin\theta\sin\frac{3(\theta_1+\theta_2)}{2}\right]\\ \sigma_{\mathrm{y}}&=\frac{r\sigma^{\infty}}{\sqrt{r_1r_2}}\left[\cos\left(\theta-\frac{\theta_1+\theta_2}{2}\right)+\frac{a^2}{r_1r_2}\sin\theta\sin\frac{3(\theta_1+\theta_2)}{2}\right]\\ \tau_{\mathrm{xy}}&=\frac{ra^2\sigma^{\infty}}{(r_1r_2)^{\frac{3}{2}}}\sin\theta\cos\frac{3(\theta_1+\theta_2)}{2}\end{aligned}\right\} \tag{2-63}$$

将 $Z_{\mathrm{I}}(z)$，$\widetilde{Z}_{\mathrm{I}}(z)$ 的实部和虚部代入式（2-54），任意一点的位移为：

$$\left.\begin{aligned}u&=\frac{\sigma^{\infty}\sqrt{r_1r_2}}{2\mu}\left[\frac{\kappa-1}{2}\cos\frac{\theta_1+\theta_2}{2}-\frac{r^2}{r_1r_2}\sin\theta\sin\left(\theta-\frac{\theta_1+\theta_2}{2}\right)\right]\\ v&=\frac{\sigma^{\infty}\sqrt{r_1r_2}}{2\mu}\left[\frac{\kappa+1}{2}\sin\frac{\theta_1+\theta_2}{2}-\frac{r^2}{r_1r_2}\sin\theta\cos\left(\theta-\frac{\theta_1+\theta_2}{2}\right)\right]\end{aligned}\right\} \tag{2-64}$$

式中，μ 为剪切弹性模量。显然式（2-63）、式（2-64）适合于裂纹体的任意一点，故称为全场解。由式（2-63），不难看出，在无穷远处，$r_1=r_2=r\rightarrow\infty$，$\theta_1=\theta_2=\theta$，所以 $\sigma_{\mathrm{x}}=\sigma_{\mathrm{y}}=\sigma^{\infty}$；在裂纹体表面上，$\theta=0$，$\pm\pi$，$\theta_1+\theta_2=\pm\pi$，$\sigma_{\mathrm{x}}=\sigma_{\mathrm{y}}=\tau_{\mathrm{xy}}=0$。因此，满足全部边界条件。

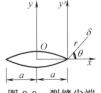

图 2-3　裂缝尖端坐标系

（2）裂纹尖端附近的局部解

在断裂力学中，为了了解裂纹尖端附近的应力场强度，经常只需寻求裂纹尖端附近的局部解。为此，把坐标原点由裂纹中心移到裂纹尖端，如图 2-3 所示。

以 ξ 表示新坐标：

$$\xi = z - a = re^{i\theta} = r(\cos\theta + i\sin\theta)$$

经坐标变换后，式（2-62）可写成：

$$Z_{\mathrm{I}}(\xi) = \frac{(\xi + a)\sigma^{\infty}}{\sqrt{\xi(\xi + 2a)}}$$

容易看出，当 $|\xi| \to 0$ 时，$\sqrt{2\pi\xi}\,Z_{\mathrm{I}}(\xi)$ 存在极限，记此极限为：

$$K_{\mathrm{I}} = \lim_{|\xi| \to 0} \sqrt{2\pi\xi}\,Z_{\mathrm{I}}(\xi) \tag{2-65}$$

于是，在裂纹尖端附近，即当 $|\xi|$ 很小时，近似地有：

$$Z_{\mathrm{I}}(\xi) \approx \frac{K_{\mathrm{I}}}{\sqrt{2\pi\xi}} = \frac{K_{\mathrm{I}}}{\sqrt{2\pi r}} e^{-\frac{i\theta}{2}}$$

$$= \frac{K_{\mathrm{I}}}{\sqrt{2\pi r}}\left(\cos\frac{\theta}{2} - i\sin\frac{\theta}{2}\right)$$

$$Z'_{\mathrm{I}}(\xi) \approx \left(\frac{K_{\mathrm{I}}}{\sqrt{2\pi\xi}}\right)' = -\frac{K_{\mathrm{I}}}{2\sqrt{2\pi}}\xi^{-\frac{3}{2}}$$

$$= -\frac{K_{\mathrm{I}}}{2\sqrt{2\pi r}}r^{-1}\left(\cos\frac{3\theta}{2} - i\sin\frac{3\theta}{2}\right)$$

$$\widetilde{Z}_{\mathrm{I}}(\xi) \approx \int \frac{K_{\mathrm{I}}}{\sqrt{2\pi\xi}}\mathrm{d}\xi = \frac{2K_{\mathrm{I}}\xi^{\frac{1}{2}}}{\sqrt{2\pi}}$$

$$= \frac{2K_{\mathrm{I}}}{\sqrt{2\pi}}r^{\frac{1}{2}}\left(\cos\frac{\theta}{2} + i\sin\frac{\theta}{2}\right)$$

将 $Z_{\mathrm{I}}(\xi)$，$Z'_{\mathrm{I}}(\xi)$ 的实部和虚部代入式（2-53），并注意到：

$$y = r\sin\theta = 2r\sin\frac{\theta}{2}\cos\frac{\theta}{2}$$

可得裂纹尖端附近的应力场表达式：

$$\left.\begin{aligned}
\sigma_{\mathrm{x}} &= \frac{K_{\mathrm{I}}}{\sqrt{2\pi r}}\cos\frac{\theta}{2}\left(1 - \sin\frac{\theta}{2}\sin\frac{3\theta}{2}\right) \\
\sigma_{\mathrm{y}} &= \frac{K_{\mathrm{I}}}{\sqrt{2\pi r}}\cos\frac{\theta}{2}\left(1 + \sin\frac{\theta}{2}\sin\frac{3\theta}{2}\right) \\
\tau_{\mathrm{xy}} &= \frac{K_{\mathrm{I}}}{\sqrt{2\pi r}}\cos\frac{\theta}{2}\sin\frac{\theta}{2}\cos\frac{3\theta}{2}
\end{aligned}\right\} \tag{2-66}$$

将 $Z_{\mathrm{I}}(\xi)$，$\widetilde{Z}_{\mathrm{I}}(\xi)$ 的实部和虚部代入式（2-56），可得到裂纹尖端附近的位移表达式：

$$\left.\begin{aligned}
u &= \frac{K_{\mathrm{I}}}{4\mu}\left(\frac{r}{2\pi}\right)^{\frac{1}{2}}\left[(2\kappa - 1)\cos\frac{\theta}{2} - \cos\frac{3\theta}{2}\right] \\
v &= \frac{K_{\mathrm{I}}}{4\mu}\left(\frac{r}{2\pi}\right)^{\frac{1}{2}}\left[(2\kappa + 1)\sin\frac{\theta}{2} - \sin\frac{3\theta}{2}\right]
\end{aligned}\right\} \tag{2-67}$$

由式（2-57），可直接得出平面应力问题的位移场：

$$u = \frac{K_{\mathrm{I}}}{\mu}\left(\frac{r}{2\pi}\right)^{\frac{1}{2}}\cos\frac{\theta}{2}\left[(1-2\nu)-\sin^2\frac{\theta}{2}\right]$$
$$v = \frac{K_{\mathrm{I}}}{\mu}\left(\frac{r}{2\pi}\right)^{\frac{1}{2}}\cos\frac{\theta}{2}\left[(1-2\nu)+\sin^2\frac{\theta}{2}\right] \qquad (2\text{-}68)$$

以及平面应变问题的位移场：

$$u = \frac{2K_{\mathrm{I}}}{E}\left(\frac{r}{2\pi}\right)^{\frac{1}{2}}\cos\frac{\theta}{2}\left[(1-\nu)+(1+\nu)\sin^2\frac{\theta}{2}\right]$$
$$v = \frac{2K_{\mathrm{I}}}{E}\left(\frac{r}{2\pi}\right)^{\frac{1}{2}}\sin\frac{\theta}{2}\left[(1-\nu)+(1+\nu)\sin^2\frac{\theta}{2}\right] \qquad (2\text{-}69)$$

根据以上推导，可以看出，所得应力场、位移场的表达式（2-66），式（2-67）式以及式（2-68），式（2-69），只有在 $r\to0$ 时，才是精确成立的。当 $\frac{r}{a}\ll1$ 时，即在裂纹尖端附近，近似成立。因此，称为局部解，或称为当 $r\to0$ 时的渐近解。显然，局部解可以满足裂纹尖端附近表面自由的边界条件，但不能满足无穷远处的边界条件。由于局部解可以描述裂纹尖端（$r\to0$）解的性状，因此，在断裂力学中具有重要的意义。例如，比较式 $\tau_{ij} = \frac{K}{\sqrt{2\pi r}}F_{ij}(\theta)$ 与式（2-66），我们看到由式（2-65）定义的 K_{I} 就是 I 型裂纹尖端的应力强度因子。以后，我们把式（2-65）作为 I 型应力强度因子的定义。只要已知 $Z_{\mathrm{I}}(z)$，就可以直接计算出应力强度因子，从而建立断裂准则。

比较 I 型裂缝的全场解式（2-63）和渐近解式（2-66）可以看出，全场解是弹性力学平面问题的完整解答，不包含任何特定常数。但是，由它不能直观地看出外荷载 σ^{∞} 和裂纹长度 a 对裂纹尖端的应力场强度的影响，而这正是断裂力学所需要了解的。相反，渐近解则清楚地表明，应力强度因子 K_{I} 可以作为描述裂纹尖端应力场强度的唯一度量，外荷载 σ^{∞} 和裂纹长度 a 的影响都通过 K_{I} 表现出来。但是，在渐近解中，K_{I} 是一个特定常数，而且一般来说，通过渐近分析，K_{I} 不能完全确定，这是渐近分析的不足之处。现在，我们从全场解式（2-63）出发，考虑裂纹尖端附近的点，由图 2-2，取 $r_1\ll a$，于是可作如下近似：

$$r \approx a+r_1\cos\theta_1, \quad r_2 \approx 2a+r_1+\cos\theta_1$$

$$\theta \approx \frac{r_1}{a}\sin\theta_1, \quad \theta_2 \approx \frac{r_1}{2a}\sin\theta_1$$

将上式代入式（2-63），注意到，图 2-2 中的 θ_1 相当于图 2-3 中的 θ，于是可得：

$$\sigma_x = \frac{\sigma^{\infty}\sqrt{\pi a}}{\sqrt{2\pi r}}\cos\frac{\theta}{2}\left(1-\sin\frac{\theta}{2}\sin\frac{3\theta}{2}\right)$$

$$\sigma_y = \frac{\sigma^{\infty}\sqrt{\pi a}}{\sqrt{2\pi r}}\cos\frac{\theta}{2}\left(1+\sin\frac{\theta}{2}\sin\frac{3\theta}{2}\right)$$

$$\tau_{xy} = \frac{\sigma^{\infty}\sqrt{\pi a}}{\sqrt{2\pi r}}\cos\frac{\theta}{2}\sin\frac{\theta}{2}\sin\frac{3\theta}{2}$$

与式（2-66）比较，可以确定常数因子 K_{I}：

$$K_{\mathrm{I}} = \sigma^{\infty}\sqrt{\pi a} \qquad (2\text{-}70)$$

可见，渐近解中的待定常数，只能依赖于全场分析才能确定。在以后介绍的非线性断裂力学中，由于问题的复杂性，目前还只找到问题的局部解，因此只能借助于全场的数值分析，以确定局部解中的待定常数。不过，在线弹性断裂力学中，我们可以通过 K_{I} 的定义式（2-65）或其他方法确定 K_{I}，并非一定要类似于式（2-63）和式（2-64）的全场解的解析表达式。

2.5.4　无限大板 II 型裂纹问题的应力场和位移场

考虑带有中心穿透裂纹的无限大板，在无限远处作用有均匀分布的剪应力 $\tau_{\mathrm{xy}}^{\infty}$，如图 2-4 所示。

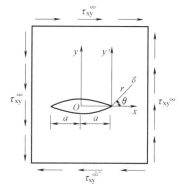

图 2-4　无限大板 II 型裂纹

边界条件为：

当 $y=0$，$|x|<a$，$\sigma_{\mathrm{y}}=\tau_{\mathrm{xy}}=0$

当 $|z|\rightarrow\infty$ 时，$\sigma_{\mathrm{x}}=\sigma_{\mathrm{y}}=0$，$\tau_{\mathrm{xy}}=\tau^{\infty}$

选取如下形式的应力函数：

$$Z_{\mathrm{II}}(z)=\frac{z\tau_{\mathrm{xy}}^{\infty}}{\sqrt{z^2-a^2}} \tag{2-71}$$

与 I 型裂纹做法一样，容易验证，Z_{II} 能满足全部边界条件。

将坐标原点移至裂纹尖端，引入新坐标 $\xi=z-a$，式（2-71）写为：

$$Z_{\mathrm{II}}(\xi)=\frac{(\xi+a)\tau_{\mathrm{xy}}^{\infty}}{\sqrt{\xi(\xi+2a)}}$$

当 $|\xi|\rightarrow0$ 时，$\sqrt{2\pi\xi}Z_{\mathrm{II}}(\xi)$ 存在极限，记此极限为：

$$K_{\mathrm{II}}=\lim_{|\xi|\rightarrow0}\sqrt{2\pi\xi}Z_{\mathrm{II}}(\xi) \tag{2-72}$$

在裂纹尖端附近，即当 $|\xi|$ 很小时，近似地有：

$$Z_{\mathrm{II}}(\xi)\approx\frac{K_{\mathrm{II}}}{\sqrt{2\pi\xi}}=\frac{K_{\mathrm{II}}}{\sqrt{2\pi r}}\left(\cos\frac{\theta}{2}-i\sin\frac{\theta}{2}\right)$$

$$Z'_{\mathrm{II}}(\xi)\approx\left[\frac{K_{\mathrm{II}}}{\sqrt{2\pi\xi}}\right]'=-\frac{K_{\mathrm{II}}}{2\sqrt{2\pi r}}r^{-1}\left(\cos\frac{3\theta}{2}-i\sin\frac{3\theta}{2}\right)$$

$$\widetilde{Z}_{\mathrm{II}}(\xi)\approx\int\frac{K_{\mathrm{II}}}{\sqrt{2\pi\xi}}\mathrm{d}\xi=\frac{2K_{\mathrm{II}}}{\sqrt{2\pi}}r^{\frac{1}{2}}\left(\cos\frac{\theta}{2}+i\sin\frac{\theta}{2}\right)$$

将 $Z_{\mathrm{II}}(\xi)$，$Z'_{\mathrm{II}}(\xi)$ 的实部和虚部代入式（2-58），可得裂纹尖端附近的局部应力场表达式：

$$\left.\begin{aligned}\sigma_{\mathrm{x}}&=\frac{K_{\mathrm{II}}}{\sqrt{2\pi r}}\sin\frac{\theta}{2}\left(-2-\cos\frac{\theta}{2}\cos\frac{3\theta}{2}\right)\\\sigma_{\mathrm{y}}&=\frac{K_{\mathrm{II}}}{\sqrt{2\pi r}}\sin\frac{\theta}{2}\cos\frac{\theta}{2}\cos\frac{3\theta}{2}\\\tau_{\mathrm{xy}}&=\frac{K_{\mathrm{II}}}{\sqrt{2\pi r}}\cos\frac{\theta}{2}\left(1-\sin\frac{\theta}{2}\sin\frac{3\theta}{2}\right)\end{aligned}\right\} \tag{2-73}$$

将 $Z_{II}(\xi)$，$\tilde{Z}_{II}(\xi)$ 的实部和虚部代入式（2-59），可得到裂纹尖端附近的局部位移场表达式：

$$u=\frac{K_{II}}{4\mu}\left(\frac{r}{2\pi}\right)^{\frac{1}{2}}\left[(2\kappa+3)\sin\frac{\theta}{2}+\sin\frac{3\theta}{2}\right]$$
$$v=\frac{K_{II}}{4\mu}\left(\frac{r}{2\pi}\right)^{\frac{1}{2}}\left[-(2\kappa-3)\cos\frac{\theta}{2}-\cos\frac{3\theta}{2}\right]$$
$$(2\text{-}74)$$

由式（2-60），可直接得出平面应变问题的局部位移场：

$$u=\frac{K_{II}}{\mu}\left(\frac{r}{2\pi}\right)^{\frac{1}{2}}\sin\frac{\theta}{2}\left[2(1-\nu)+\cos^2\frac{\theta}{2}\right]$$
$$v=\frac{K_{II}}{\mu}\left(\frac{r}{2\pi}\right)^{\frac{1}{2}}\cos\frac{\theta}{2}\left[-1+2\nu+\sin^2\frac{\theta}{2}\right]$$
$$(2\text{-}75)$$

以及平面应力问题的局部位移场：

$$u=\frac{2K_{II}}{E}\left(\frac{r}{2\pi}\right)^{\frac{1}{2}}\sin\frac{\theta}{2}\left[(1-\nu)+(1+\nu)\cos^2\frac{\theta}{2}\right]$$
$$v=\frac{2K_{II}}{E}\left(\frac{r}{2\pi}\right)^{\frac{1}{2}}\cos\frac{\theta}{2}\left[-(1-\nu)+(1+\nu)\sin^2\frac{\theta}{2}\right]$$
$$(2\text{-}76)$$

由 II 型裂纹尖端的应力场、位移场分析可以看出，和 I 型问题类似，裂纹尖端应力场强度可以用 K_{II} 来度量，K_{II} 可以直接由定义式（2-72）来计算。当 $r\to0$ 时，应力场有奇异性，以上所导出的应力场和位移场都只适合裂纹尖端附近的局部区域。

2.6 应力强度因子准则

在线弹性条件下，对于 I、II、III 型裂纹问题，应力强度因子 K_I、K_{II}、K_{III} 可以分别作为裂纹尖端应力场强度的度量。因此，可以用应力强度因子来作为描述裂纹扩展规律的参量。特别是，用应力强度因子来描述裂纹的失稳准则，就得到了线弹性条件下的断裂准则，一般可写成：

$$K_i=K_{ic}, \quad i=\text{I、II、III} \qquad (2\text{-}77)$$

称为应力场强度断裂准则。

式中，K_{ic} 为材料失稳时的临界应力强度因子，或断裂韧度，主要与材料的性质有关，一般通过试验来确定。

2.7 能量释放率与应力强度因子的关系

在线弹性条件下，可以建立能量释放率与应力强度因子之间的一个简单关系，本节讨论这一关系。

假定边界条件为给定位移情况，由 $G=\left[\frac{\partial U}{\partial A}\right]_\Delta$ 式可知，能量释放率等于应变释放率。而应变能的大小可由内力在形变过程中所做的功来度量。为此，研究图 2-5（a）所示的厚度为 B 的裂纹体，当裂纹扩展 Δa，所释放出的应变能如图 2-5（b）。由以上分析，只需

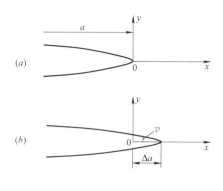

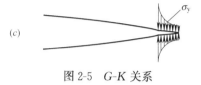

图 2-5　G-K 关系

计算裂纹由图 2-5（a）到图 2-5（b）的扩展过程中内力所做之功。于是，需要将内力以外力的形式暴露出来。为此目的，在图 2-5（a）的裂纹顶点切开一长为 Δa 的切口。将切开前 Δa 段上作用的内力加在上面，这样仍然与没有切口时一样，如图 2-5（c）所示。现在让图 2-5（c）中切口上的应力逐渐减小，最后达到零。在此过程中，切口处的位移逐渐增加，最后达到图 2-5（b）的位置。应力和位移的关系，在一般情况下是非线性的。内力所做功为：

$$\Delta U = -2\int_0^{\Delta a}\int_0^v \sigma_y B\,\mathrm{d}v\,\mathrm{d}x$$

负号是由于力与位移的方向相反，2 倍是考虑上、下两个表面。对于线弹性情况，应力和位移呈线性关系，则上式为：

$$\Delta U = -2B\int_0^{\Delta a}\frac{\sigma v}{2}\mathrm{d}x = -B\int_0^{\Delta a}\sigma_y v\,\mathrm{d}x$$

由 $G = -\left[\dfrac{\partial U}{\partial A}\right]_\Delta$

$$G_{\mathrm{I}} = -\left[\frac{\partial U}{\partial A}\right]_\Delta = \lim_{\Delta A \to 0}\frac{1}{\Delta A}\int_0^{\Delta a}\sigma_y v B\,\mathrm{d}x$$

$$= \lim_{\Delta a \to 0}\frac{1}{\Delta a}\int_0^{\Delta a}\sigma_y v\,\mathrm{d}x \tag{2-78}$$

式中，G_{I} 为 I 型裂纹尖端的能量释放率，σ_y 由式（2-66）给出：

$$\sigma_y = \frac{K_{\mathrm{I}}(a)}{\sqrt{2\pi r}}\cos\frac{\theta}{2}\left(1+\sin\frac{\theta}{2}\sin\frac{3\theta}{2}\right)_{\theta=0} = \frac{K_{\mathrm{I}}(a)}{\sqrt{2\pi r}} \tag{2-79}$$

这里 $K_{\mathrm{I}}(a)$ 为裂纹长度 a 时的应力强度因子。对于式（2-78）中的 v，由式（2-67）给出。但是注意到图 2-5（c）中，裂纹已增加一个长度 Δa，因此，需作坐标平移，即在式（2-67）的第二式中的 θ，r 需用 $\pm\pi$，$\Delta a - r$ 代替，可得 Δa 段上的位移：

$$v = \pm\frac{\kappa+1}{2\mu}K_{\mathrm{I}}(a+\Delta a)\sqrt{\frac{\Delta a - r}{2\pi}} \tag{2-80}$$

下面推导中，需要计算积分：

$$\int_0^{\Delta a}\sqrt{\frac{\Delta a - r}{r}}\mathrm{d}r = \left[\sqrt{r(\Delta a - r)} + \Delta a\cdot\arcsin\sqrt{\frac{r}{\Delta a}}\right]_0^{\Delta a} = \frac{\Delta a - \pi}{2}$$

将式（2-79），式（2-80）代入式（2-78），可得：

$$G_{\mathrm{I}} = \lim_{\Delta a \to 0}\frac{1}{\Delta a}\int_0^{\Delta a}\frac{K_{\mathrm{I}}(a)}{\sqrt{2\pi r}}\cdot\frac{\kappa+1}{2\mu}(a+\Delta a)\sqrt{\frac{\Delta a - r}{2}}\mathrm{d}r$$

$$= \lim_{\Delta a \to 0}\frac{1}{\Delta a}\frac{K_{\mathrm{I}}(a)K_{\mathrm{I}}(a+\Delta a)(\kappa+1)}{4\pi\mu}\int_0^{\Delta a}\sqrt{\frac{\Delta a - r}{r}}\mathrm{d}r \tag{2-81}$$

$$= \frac{(\kappa+1)K_{\mathrm{I}}^2}{8\mu}$$

由式（2-57），可得：

$$G_1 = \frac{1}{E'}K_1^2 \qquad (2\text{-}82)$$

式中，

$$E' = \begin{cases} E & \text{对平面应力} \\ \dfrac{E}{1-\nu^2} & \text{对平面应变} \end{cases}$$

所以，在线弹性情况下，和 K 一样，G 也可用作表征裂纹尖端附近的应力场强度。因此，应力强度因子断裂准则和能量释放率准则完全等价。

参考文献

［1］徐芝纶. 弹性力学. 第 3 版. 北京：高等教育出版社，1990.

［2］吴家龙. 弹性力学. 第 3 版. 北京：高等教育出版社，2016.

［3］Owen D R J，Fawkes A J. Engineering Fracture Mechanics：Numerical Methods and Applications. Pineridge Press Ltd. Swansea，U. K，1986.

［4］徐振兴. 断裂力学. 长沙：湖南大学出版社，1987.

第 3 章　裂缝尖端小范围屈服理论

3.1　弹塑性本构关系

对于带裂缝的弹塑性材料而言，在外荷载作用下，裂缝尖端必然出现塑性区，塑性区的大小与荷载及材料性质均有关。在裂缝尖端塑性区内，应力、应变呈现非线性关系。当塑性区较大时，线弹性断裂力学不能直接适用，而对裂缝进行完全弹塑性分析通常较为困难。而当塑性区较小时，可通过一定的修正，使得线弹性断裂力学仍可近似适用。

3.1.1　常用的弹塑性力学模型

对于不同的材料，不同的应用领域，可以采用不同的变形体模型。目前在弹塑性力学中常见的简化力学模型主要有理想弹塑性力学模型、弹塑性线性强化力学模型、幂强化力学模型以及刚塑性力学模型。

1）理想弹塑性材料模型

理想弹塑性材料可分为弹性阶段和塑性阶段，如图 3-1 所示。在弹性阶段（OA 段），应力与应变呈线性关系。当材料进入塑性阶段（AB 段），若不考虑材料的强化，则可以简化成图 3-1 所示的理想弹塑性力学模型，则应力与应变的关系可以用以下表达式表示：

$$\left.\begin{aligned} \sigma &= E\varepsilon & \text{当 } \varepsilon \leqslant \varepsilon_e \\ \sigma &= E\varepsilon_s = \sigma_s & \text{当 } \varepsilon > \varepsilon_e \end{aligned}\right\} \tag{3-1}$$

由于公式（3-1）只包含了材料常数 E 和 σ_s，不能描述应力-应变曲线的全部特征；又由于在 $\varepsilon = \varepsilon_s$ 处解析表达式有变化，给具体计算带来一定困难。这一力学模型抓住了韧性材料的主要特征，与实际情况符合得比较好。

2）弹塑性线性强化材料模型

当考虑材料强化性质时，可采用线性强化弹塑性力学模型，如图 3-2，由 OA 和 AB

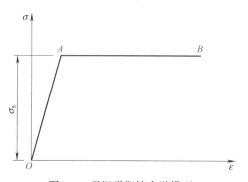

图 3-1　理想弹塑性力学模型

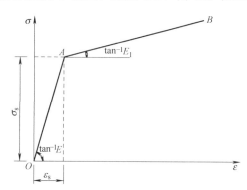

图 3-2　线性强化弹塑性力学模型

两条线段组成，有时又称双线性强化模型，其解析式为：

$$\left.\begin{array}{ll} \sigma=E\varepsilon & \text{当}\varepsilon\leqslant\varepsilon_s \\ \sigma=\sigma_s+E_1(\varepsilon-\varepsilon_s) & \text{当}\varepsilon>\varepsilon_s \end{array}\right\} \tag{3-2}$$

式中 E 和 E_1 分别表示线段 OA 和 AB 的斜率。对于某些材料该力学模型是足够准确的，不过由于解析式不连续，在具体计算中仍然非常复杂。

3) 幂强化力学模型

为了避免解析式在 $\varepsilon=\varepsilon_s$ 处的变化，有时可以采用幂强化力学模型如图 3-3 所示，即取：

$$\sigma=A\varepsilon^n$$

式中，n 为幂强化系数，取值 $0<n<1$；A 为强化系数。上式所代表的曲线在 $\varepsilon=0$ 处与 σ 轴相切，而且有：

$$\left.\begin{array}{ll} \sigma=A\varepsilon & \text{当}n=1 \\ \sigma=A & \text{当}n=0 \end{array}\right\} \tag{3-3}$$

式（3-3）的第一式代表理想弹性模型，若将式中的 A 用弹性模量 E 代替，则为胡克定律的表达式；而第二式若将 A 用 σ_s 代替，则为理想塑性（或称刚塑性）力学模型。通过求解式（3-3）可得，这两条曲线在 $\varepsilon=1$ 处相交。由于幂强化模型也只有两个参数 A 和 ε，因而也不可能准确地表达材料的所有特征。但由于它的解析式比较简单，能在一定程度上准确描述应力应变关系，因此在力学分析过程中被经常采用。

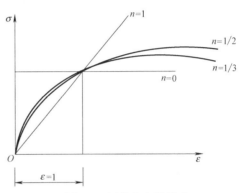

图 3-3　幂强化力学模型

4) 刚塑性力学模型

在许多实际工程问题中，由于弹性变形远小于塑性变形，因而可以忽略弹性变形对结果的影响。若不考虑在变形过程中材料强化效应对结果的影响，则称这种模型为刚塑性力学模型，如图 3-4 所示。这一模型假设：在应力到达屈服极限之前应变为零。在图 3-4（a）中，线段 AB 平行于 ε 轴，卸载线平行于 σ 轴；图 3-4（b）所示是具有线性强化性质的刚塑性力学模型，其卸载线也是平行于 σ 轴的。

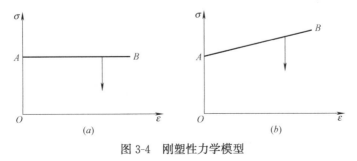

图 3-4　刚塑性力学模型

在塑性力学中，刚塑性力学模型具有重要意义。在塑性成形理论中的多数情况下，塑性应变一般都比弹性应变大得多，所以忽略弹性应变而只考虑塑性应变是合理的，对总体的计算结果影响不大。采用刚塑性模型给数学计算带来较大的简化，使许多复杂问题能获得完整的解析表达式。在以上所提及的几种力学模型中，理想弹塑性力学模型、幂强化力学模型以及理想刚塑性力学模型应用的最为广泛。

3.1.2　常用的屈服条件

对于复杂受力状态下，一点应力由每个应力分量确定，因而不能选取某一个应力分量的数值作为判断材料是否屈服的标准。通常选取特征应力或应力的组合进行判断。而根据所取的应力不同，又存在不同的假设，即不同屈服条件。屈服条件又称为塑性条件，它是判断材料处于弹性阶段还是处于塑性阶段的准则，可以写成

$$f(\sigma_{ij})=0 \tag{3-4}$$

常用的屈服条件有：

1）Tresca 屈服条件

在传统塑性理论中，应用最多的屈服条件是 Tresca 准则。这是 Tresca 在 1864 年提出的，在做了一系列的金属挤压试验的基础上，Tresca 发现在变形的金属试件表面有很细的裂纹，而这些裂纹的方向很接近最大剪应力的方向，因此他认为金属的塑性变形是由于剪切应力引起金属中晶体滑移形成的。他指出：在材料中，当最大剪切应力 $\tau_{\max}$ 达到某一极限值时，材料便进入塑性状态。当 $\sigma_1 \geqslant \sigma_2 \geqslant \sigma_3$ 时，这个条件可写为如下形式：

$$\sigma_1-\sigma_3=2k \quad \left(k=\frac{\sigma_s}{\sqrt{3}}\text{或}\frac{\sigma_s}{2}\right) \tag{3-5}$$

若不知道主应力的大小和次序，则在应力空间中应将 Tresca 条件写成：

$$\left.\begin{array}{l} |\sigma_1-\sigma_2|\leqslant 2k \\ |\sigma_2-\sigma_3|\leqslant 2k \\ |\sigma_3-\sigma_1|\leqslant 2k \end{array}\right\} \tag{3-6}$$

在上式中，如果有一个式子为等式时，则材料便已进入塑性状态。如果将 σ_1、σ_2、σ_3 三个坐标轴投影到这个坐标系的等倾面上，则可得到一个互相成 120° 的三根轴的坐标。式（3-6）在此互相成 120° 的坐标轴中，其几何表示是一个正六边形如图 3-5（a）所示。

当 $\sigma_3 = 0$ 时，则可得

$$\left.\begin{array}{l} |\sigma_2|\leqslant 2k \\ |\sigma_1|\leqslant 2k \\ |\sigma_1-\sigma_2|\leqslant 2k \end{array}\right\} \tag{3-7}$$

上式的几何表示如图 3-5（b）所示。

2）Mises 屈服条件

如果不知道主应力大小和次序，则使用 Tresca 条件将会有一定的困难。Mises 在研究了试验结果后，又提出了另一种屈服条件：

$$(\sigma_1-\sigma_2)^2+(\sigma_2-\sigma_3)^2+(\sigma_3-\sigma_1)^2\leqslant 6k^2 \quad \left(k=\frac{\sigma_s}{\sqrt{3}}\right) \tag{3-8}$$

式（3-8）的左侧小于右侧，则材料仍处于弹性状态；若式（3-8）为等式，则认为材料已进入塑性状态。由此看来，Tresca 条件和 Mises 条件一样都不受静水压力的影响，而

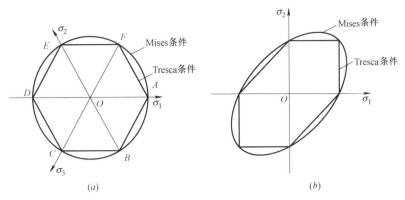

图 3-5　等倾面上的屈服条件

（a）π 平面上的屈服轨迹；（b）$\sigma_3 = 0$ 平面上的屈服轨迹

且也满足应力互换原则。

3）Mohr-Coulomb 屈服条件

一般受力情况下，对于所考虑中的任何一个受力面，其极限抗剪强度可以用库仑定律表达为：

$$\tau_n = c - \sigma_n \tan\varphi \tag{3-9}$$

式中，τ_n 为极限抗剪强度；σ_n 为受剪面上的法向应力，以拉为正；c、φ 为黏聚力及内摩擦角。

式（3-9）库仑公式在 σ-τ 平面上是线性关系。在一般情况下，σ-τ 曲线可表达成双曲线、抛物线、摆线等非线性曲线，统称为摩尔强度条件。

利用摩尔定律，可以把式（3-9）推广到平面应力状态而成为 Mohr-Coulomb 屈服条件，如图 3-6 所示。

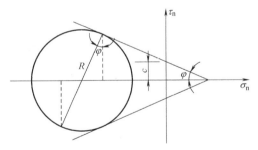

图 3-6　Mohr-Coulomb 屈服条件

因为 $\tau_n = R\cos\varphi$：

$$\sigma_n = \frac{1}{2}(\sigma_x + \sigma_y) + R\sin\varphi = \frac{1}{2}(\sigma_1 + \sigma_s) + R\sin\varphi$$

所以，由式（3-9）得：

$$R = c\cos\varphi - \frac{\sigma_x + \sigma_y}{2}\sin\varphi \tag{3-10}$$

式中，R 是摩尔应力圆半径：

$$R = \left[\frac{1}{4}(\sigma_x - \sigma_y)^2 + \tau_{xy}^2 \right]^{\frac{1}{2}} = \frac{1}{2}(\sigma_1 - \sigma_s)$$

式（3-10）还可用主应力 σ_1，σ_3 表示成：

$$\frac{1}{2}(\sigma_1 - \sigma_3) = c\cos\varphi - \frac{1}{2}(\sigma_1 + \sigma_3)\sin\varphi \tag{3-11}$$

或：

$$\sigma_1(1 + \sin\varphi) - \sigma_3(1 - \sin\varphi) = 2c\cos\varphi \tag{3-12}$$

写成一般屈服条件形式，为：

$$F = \frac{1}{2}(\sigma_1 - \sigma_3) + F_1\left[\frac{1}{2}(\sigma_1 + \sigma_3) \right] = 0 \tag{3-13}$$

采用应力张量第一不变量 I_1、偏应力张量第二不变量 J_2 和应力 Lode 角 θ_σ 表达的 Mohr-Coulomb 屈服条件为：

$$F = \sqrt{J_2}\left(\cos\theta_\sigma - \frac{\sin\theta_\sigma \sin\varphi}{\sqrt{3}} \right) + \frac{1}{3}I_1\sin\varphi - c\cos\varphi = 0 \tag{3-14}$$

其中，$-\dfrac{\pi}{6} \leqslant \theta_\sigma \leqslant \dfrac{\pi}{6}$。

Mohr-Coulomb 屈服条件没有考虑围压 σ_2 对屈服特性的影响；Drucker-Prager 屈服条件是对 Mohr-Coulomb 屈服条件的修正，它不仅能够考虑围压 σ_2 对屈服特性的影响，并且能反映剪切引起膨胀的性质。

4）Drucker-Prager 屈服条件

Mohr-Coulomb 屈服面是六角锥，它具有一个尖端和六个棱角。在棱角附近，屈服函数沿曲面外法线的方向导数不易确定，这会给黏塑应变率的计算带来困难。如果采用 Drucker-Prager 屈服函数就可以避免上述缺点，它的形式是：

$$f = \alpha I_1 + \sqrt{J_2} - K = 0 \tag{3-15}$$

式中，I_1 是应力第一不变量，$I_1 = \sigma_1 + \sigma_2 + \sigma_3$；$J_2$ 是应力偏量第二不变量：

$$J_2 = \frac{1}{6}\left[(\sigma_1 - \sigma_2)^2 + (\sigma_2 - \sigma_3)^2 + (\sigma_3 - \sigma_1)^2 \right] \tag{3-16}$$

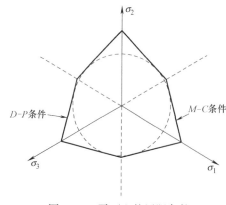

α，K 是材料参数，它们与 c 和 φ 的关系为（当与库仑六边形的外顶点重合时）：

$$\alpha = \frac{2\sin\varphi}{\sqrt{3}(3 - \sin\varphi)}$$

$$K = \frac{6c\cos\varphi}{\sqrt{3}(3 - \sin\varphi)}$$

图 3-7　π 平面上的屈服条件

在主应力空间中，Mohr-Coulomb 屈服条件是一个六棱锥，Drucker-Prager 屈服条件是一个圆锥，两种屈服条件在 π 平面上的几何图形见图 3-7。两者都属于等向硬化-软化模型。

3.2 Irwin 的塑性区修正

3.2.1 塑性区形状

塑性区沿裂纹线上的长度可由 Irwin 和 Dugdale 模型确定。实际上，在裂纹尖端附近都是高应力区，所以在尖端周围一个小范围内，材料都发生了屈服，其边界外为广大弹性区所包围。由于裂纹尖端附近处于复杂应力状态，研究其屈服需应用屈服准则，所用准则不同，所得到的塑性区形状也不同。

1. 按 von Mises 准则求 I 型裂纹塑性区形状

von Mises 准则可用下式表示，即：

$$(\sigma_1-\sigma_2)^2+(\sigma_2-\sigma_3)^2+(\sigma_3-\sigma_1)^2=2\sigma_{ys}^2 \tag{3-17}$$

由式（2-66）各应力分量，可以算出在裂纹尖端附近一点 $p(r,\theta)$ 的主应力为：

$$\left.\begin{aligned}
\sigma_1&=\frac{\sigma_x+\sigma_y}{2}+\sqrt{\frac{(\sigma_x-\sigma_y)^2}{2}+\tau_{xy}}\\
\sigma_2&=\frac{\sigma_x+\sigma_y}{2}-\sqrt{\frac{(\sigma_x-\sigma_y)^2}{2}+\tau_{xy}}\\
\sigma_3&=\begin{cases}0 & （平面应力状态）\\-\nu(\sigma_x+\sigma_y) & （平面应变状态）\end{cases}
\end{aligned}\right\} \tag{3-18}$$

将式（2-66）各应力分量代入式（2-96），得到主应力：

$$\left.\begin{aligned}
\sigma_1&=\frac{K_I}{\sqrt{2\pi r}}\cos\frac{\theta}{2}\left(1+\sin\frac{\theta}{2}\right)\\
\sigma_2&=\frac{K_I}{\sqrt{2\pi r}}\cos\frac{\theta}{2}\left(1-\sin\frac{\theta}{2}\right)\\
\sigma_3&=\begin{cases}0 & （平面应力）\\\dfrac{2\nu K_I}{\sqrt{2\pi r}}\cos\frac{\theta}{2} & （平面应变）\end{cases}
\end{aligned}\right\} \tag{3-19}$$

将式（3-19）各应力代入 von Mises 准则式（3-17），得到塑性区外边界以极坐标表示的方程（坐标原点在裂纹尖端）为：

$$\left.\begin{aligned}
r_p(\theta)&=\frac{K_I^2}{4\pi\sigma_{ys}^2}\left(1+\frac{3}{2}\sin^2\theta+\cos\theta\right) & （平面应力）\\
r_p(\theta)&=\frac{K_I^2}{4\pi\sigma_{ys}^2}\left[\frac{3}{2}\sin^2\theta+(1-2\nu)^2(1+\cos\theta)\right] & （平面应变）
\end{aligned}\right\} \tag{3-20}$$

如果在上式中令 $\theta=0$，即得到塑性区沿裂纹线上的长度。对于平面应力状态，有：

$$r_p(0)=\frac{1}{2\pi^2}\left(\frac{\sigma}{\sigma_{ys}}\right)^2 a \tag{3-21a}$$

对于平面应变状态，有：

$$r_p(0)=\frac{1}{2\pi^2}\left(\frac{\sigma}{\sigma_{ys}}\right)^2(1-2\nu)^2 \tag{3-21b}$$

图 3-8（a）给出了无量纲化的塑性边界的形状，即以 $\overline{r_p}(\theta)=r_p(\theta)/r_p$ 表示塑性区边界长度，其中 $r_p=K_I^2/(2\pi\sigma_{ys}^2)$。平面应变情况下的塑性区尺寸与泊松比 ν 有关。在 $\nu=1/3$ 时，其沿 $\theta=0$ 线上的长度只是平面应力情况下的 $1/9$。

2. 按 Tresca 屈服准则确定 I 型裂纹塑性区形状

Tresca 准则又称剪应力准则。在复杂加载条件下，当最大剪应力等于材料的剪切屈服应力时即发生屈服，即：

$$\frac{1}{2}(\sigma_i-\sigma_j)=\tau_{ys} \quad (i,j=1,2,3) \tag{3-22}$$

式左侧取其最大值。

在单向拉伸时，$\frac{1}{2}(\sigma_{ys}-0)=\tau_{ys}$，所以有 $\tau_{ys}=\frac{1}{2}\sigma_{ys}$。因此，Tresca 准则亦可写为：

$$\frac{1}{2}(\sigma_i-\sigma_j)=\frac{1}{2}\sigma_{ys} \quad (i,j=1,2,3) \tag{3-23}$$

式左侧取其最大值。将式（3-19）各应力分量代入式（3-23），得到塑性区边界的方程。

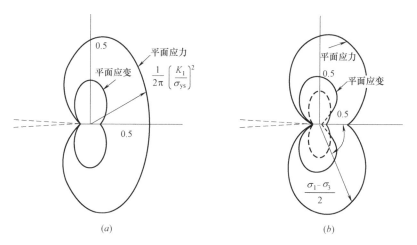

图 3-8　塑性区形状

（a）von Mises；（b）Tresca

平面应力状态：

$$r_p(\theta)=\frac{K_I^2}{2\pi\sigma_{ys}^2}\left[\cos\frac{\theta}{2}\left(1+\sin\frac{\theta}{2}\right)\right]^2 \tag{3-24}$$

平面应变状态：

$$\left.\begin{array}{l} r_p(\theta)=\dfrac{K_I^2}{2\pi\sigma_{ys}^2}\cos^2\dfrac{\theta}{2}\left[(1-2\nu)+\sin\dfrac{\theta}{2}\right]^2 \\[3mm] r_p(\theta)=\dfrac{K_I^2}{2\pi\sigma_{ys}^2}2\cos^2\dfrac{\theta}{2}\sin^2\dfrac{\theta}{2}=\dfrac{K_I^2}{2\pi\sigma_{ys}^2}\sin^2\dfrac{\theta}{2} \end{array}\right\} \tag{3-25}$$

取两者中大者。图 3-8（b）表示按 Tresca 准则求得的塑性区形状。

在式（3-24）与式（3-25）中令 $\theta=0$，得到：

$$r_{\mathrm{p}}(0)=\frac{K_{\mathrm{I}}^{2}}{2\pi\sigma_{\mathrm{ys}}^{2}} \qquad \text{（平面应力）}$$

$$r_{\mathrm{p}}(0)=\frac{K_{\mathrm{I}}^{2}}{2\pi\sigma_{\mathrm{ys}}^{2}}(1-2\nu)^{2} \qquad \text{（平面应变）}$$

与按 von Mises 准则得到的完全相同。

3.2.2 应力松弛的修正

由于裂纹尖端出现塑性区，裂纹尖端的应力不会趋于无穷大，仅能达到屈服强度。上述分析不论是平面应力状态，还是平面应变状态，均未考虑塑性区内塑性变形引起的应力松弛，其结果使得塑性区偏小。如考虑应力松弛的影响，则塑性区将扩大。下面粗略估计应力松弛对塑性区的影响。

图（3-9）给出了 I 型裂纹 $\theta=0$ 沿 x 方向的 σ_y 曲线，曲线 ABC 代表无塑性变形时的弹性应力分布，其大小为：

$$\sigma_{\mathrm{y}}|_{\theta=0}=\frac{K_{\mathrm{I}}}{\sqrt{2\pi r}} \qquad (3-26)$$

在裂纹尖端附近，局部区域产生塑性变形后，应力将重新分布，在理想弹塑性情况下，应力曲线 ABC 变为 $A'B'C'$，图中 σ_{ys} 是当满足屈服条件时，沿 x 方向各点的应力 σ_y 达到的值。

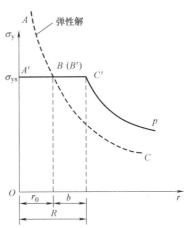

图 3-9 塑性区为 R 时的应力分布

从力的平衡条件，考虑塑性变形前后力的总和效应相等，即曲线 AB 与曲线 $A'B'C'$ 下的面积所代表的合力重新分布后应当相等。其中曲线 BC 和 $C'P$ 部分认为是同一函数曲线平移的结果，其下对应的弹性应力合力（面积）应当相等。故 BC 曲线下的面积等于 $C'P$ 下的面积，从而有：

$$R \cdot \sigma_{\mathrm{ys}}=\int_{0}^{r_0}\sigma_{\mathrm{y}}|_{\theta=0}\mathrm{d}x=\int_{0}^{r_0}\frac{K_{\mathrm{I}}}{\sqrt{2\pi x}}\mathrm{d}x=2K_{\mathrm{I}}\sqrt{\frac{r_0}{2\pi}} \qquad (3-27)$$

无论平面应力还是平面应变，r_0 都可以写成：

$$r_0=\frac{K_{\mathrm{I}}^{2}}{2\pi\sigma_{\mathrm{ys}}^{2}} \qquad (3-28)$$

所以：

$$R=2\frac{K_{\mathrm{I}}}{\sigma_{\mathrm{ys}}}\sqrt{\frac{r_0}{2\pi}}=2r_0$$

$$R=\frac{K_{\mathrm{I}}^{2}}{\pi\sigma_{\mathrm{ys}}^{2}} \qquad (3-29)$$

Irwin 解：

$$R=\frac{K_{\mathrm{I}}^2}{2\sqrt{2}\,\pi\sigma_{\mathrm{s}}^2},\quad r_0=\frac{K_{\mathrm{I}}^2}{6\pi\sigma_{\mathrm{s}}^2} \tag{3-30}$$

以上考虑的是无强化材料,对于实际的强化材料,裂缝尖端塑性区的形状和尺寸都与上述结果有出入,材料的强化作用越大,塑性区尺寸越小。因此,上述结果对于实际材料,是偏安全的近似解。

3.3　D-B 模型及解答

为了近似分析塑性区存在的影响,本节介绍另一种物理模型,这一模型最早是由Dugdale 和 Barenblatt 提出的,所以称为 D-B 模型。

3.3.1　D-B 模型

Dugdale 于 1960 年提出了一个条形塑性区简化模型。该模型认为裂纹两边的塑性区呈窄条状沿裂纹所在平面向两边伸展,即塑性区呈带状,外面是弹性区。因此这一模型也称为窄条塑性区模型或带状条纹塑性区模型。Dugdale 假设塑性区为理想塑性,如图 3-10 所示,并用 Muskhelishvili 方法求得了这一弹塑性断裂力学模型参数的表达式。这一模型通常称为 D-M 模型或 Dugdale 模型。

如图 3-10 所示无限大板,其中有长为 $2a$ 的穿透裂纹。在与裂纹面垂直的方向上于远处作用均布拉伸应力 σ^{∞}。按照 D-M 模型,裂纹尖端的塑性区呈窄条状,其上作用均布应力 σ_{s}。设塑性区长度为 R,则所论 D-M 模型实际上是如下的模型:无限大板远处受均布拉应力 σ^{∞},在与拉应力垂直的方向上有一个长为 $2c(2c=2a+2R)$ 的穿透裂纹,在裂纹上、下表面长为 $2a$ 的范围内不受力,是自由表面,而在两端长为 R 的区域,裂纹上、下表面均受均布拉应力 σ_{s} 作用,裂纹尖端没有奇异性,裂纹外是线弹性区域。这是一个线弹性力学问题。

Barenblatt 于 1962 年提出了"吸附力"模型。该模型认为裂纹尖端实际不存在奇异性,在裂尖外侧,沿裂纹平面的上、下两层之间的距离极小,其间受原子或分子的吸附力作用,这些吸附力与原子或分子之间拉开的距离有一定函数关系,一般是非线性的,如图 3-11 所示。显然该模型与图 3-10 相似,区别在于 Barenblatt 认为窄条上的应力不一定

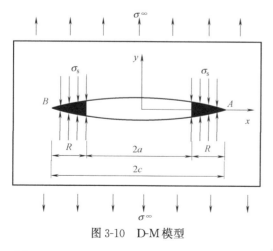

图 3-10　D-M 模型

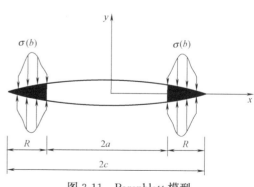

图 3-11　Barenblatt 模型

是均等的屈服应力 σ_s，而是由吸附力决定的分布力。容易看出，如果令吸附力等于 σ_s，且均匀分布，该模型就化为 Dugdale 模型。所以 D-B 模型，又称为内聚力模型。

3.3.2 无限大板中 D-B 模型的解

由于线弹性力学问题满足叠加原理成立的条件，因此可将该问题化为图 3-12 所示的三个线弹性力学问题的叠加。这三个问题如下：

① 无裂纹的无限大板，在远处受均匀拉应力 σ^∞ 作用。

② 具有 $2c=2(a+R)$ 长裂纹的无限大板，远处不受力，在裂纹表面上作用均布的压应力 σ^∞。

③ 具有 $2c=2(a+R)$ 长裂纹的无限大板，远处不受力，在裂纹表面的两个塑性区 R 各作用均布的拉应力 σ_s。

这三个问题叠加后，与图 3-10 所示问题相同。

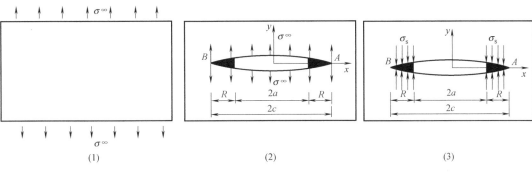

图 3-12 叠加原理

三者叠加后，要求在 $2(a+R)$ 长裂纹的尖端，消除奇异性，应力应是有限量，换一种说法，要求应力强度因子为零。根据这一条件，可求出塑性区尺寸 R。

① 无裂纹无限大板的应力强度因子 $K'_I=0$。

② 具有 $2(a+R)$ 长裂纹的无限大板，无限远处不受力，在裂纹表面作用均布的压应力，其应力强度因子与在无限远处受均布应力 σ 而裂纹表面不受力情况相同，为 $K''=\sigma\sqrt{\pi(a+R)}$。

③ 具有 $2(a+R)$ 长裂纹的无限大板，在裂纹表面两个塑性区 R 上作用均布拉应力 σ_s，下面求解这一问题。

3.3.3 裂缝张开位移公式的推导

（1）集中力产生的 K_I

如图 3-13，无限宽板中心，有长为 $2a$ 的贯穿裂纹，在距裂纹中心 b 点处，裂纹面上下有一对集中力 P 作用，求裂纹前端的 K_I。

该问题的边界条件：

① 无限远处没有力。即 $y=0$，$|x|\to\infty$ 时，$\sigma_x=\sigma_y=0$。

② 裂纹内部不受力。即 $y=0$，$|x|<a$ 时，$\sigma_y=0$。

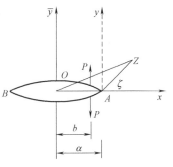

图 3-13 贯穿裂纹上的集中力

③ 裂纹前端有应力集中。即 $y=0$，$|x|>a$ 时，$\sigma_y>0$，且 $|x-a|$ 愈小，σ_y 愈大。

为了满足上述三个要求，复应力函数必然和 $\dfrac{1}{\sqrt{z^2-a^2}}$ $\left(y=0 \text{ 时变为 } \dfrac{1}{\sqrt{x^2-a^2}}\right)$ 成比例，即：

$$Z \propto \frac{1}{\sqrt{z^2-a^2}}$$

④ 如果这对力不是作用在裂纹表面上，而是作用在体内任一点，即 $b \geqslant a$，这时作用在同一点上的一对力互相抵消，试样不受力，$\sigma_x=\sigma_y=0$，$Z=0$，这就要求：

$$Z \propto \sqrt{a^2-b^2}$$

⑤ 在集中力 作用点 $x=b$，应力趋于无限大，故：

$$Z \propto \frac{1}{z-b}$$

为满足边界条件①～⑤，则应力函数可取为：

$$Z = \frac{P\sqrt{a^2-b^2}}{\pi(z-b)\sqrt{z^2-a^2}} \tag{3-31}$$

对贯穿裂纹均匀拉伸的情况，有：

$$Z = \frac{\sigma z}{\sqrt{z^2-a^2}}$$

令 $\xi=z-a=re^{i\theta}$，在裂纹尖端附近，$r \to 0$，$\xi \to 0$，这时：

$$Z(\xi) = \frac{\sigma a}{\sqrt{2a\xi}} = \frac{\sigma\sqrt{\pi a}}{\sqrt{2\pi\xi}} = \frac{K_{\mathrm{I}}}{\sqrt{2\pi\xi}}$$

均匀拉伸时，$K_{\mathrm{I}}=\sigma\sqrt{\pi a}$。由上式知：

$$K_{\mathrm{I}} = \lim_{\xi \to 0}\sqrt{2\pi\xi} \cdot Z(\xi) \tag{3-32}$$

这时求 K_{I} 得一般表达式，对其他张开型裂纹也适用。

求 A 点 K_{I}，可将坐标原点由中心移到 A 点，即令 $\xi=z-a$，则 $z=\xi+a$，代入式 (3-31) 和式 (3-32)，得：

$$\begin{aligned}
K_{\mathrm{I}}^{\mathrm{A}} &= \lim_{\xi \to 0}\sqrt{2\pi\xi} \cdot Z^{\mathrm{A}}(\xi) \\
&= \lim_{\xi \to 0}\sqrt{2\pi\xi} \times \frac{P\sqrt{a-b} \cdot \sqrt{a+b}}{\pi(\xi+a-b) \cdot \sqrt{\xi(\xi+2a)}} \\
&= \frac{P}{\sqrt{\pi a}} \cdot \sqrt{\frac{a+b}{a-b}}
\end{aligned} \tag{3-33}$$

如果点力作用在 $-b$ 处，求 A 点 K_{I}，把坐标移到 A 点，令 $\xi=z-a$，即 $z=\xi+a$，代入式 (3-31) 和式 (3-32)，得：

$$\begin{aligned}
K_{\mathrm{I}}^{\mathrm{A}} &= \lim_{\xi \to 0}\sqrt{2\pi\xi} \cdot Z^{\mathrm{A}}(\xi) \\
&= \lim_{\xi \to 0}\sqrt{2\pi\xi} \times \frac{P\sqrt{a+b} \cdot \sqrt{a-b}}{\pi(\xi+a+b) \cdot \sqrt{\xi(\xi+2a)}} \\
&= \frac{P}{\sqrt{\pi a}}\sqrt{\frac{a-b}{a+b}}
\end{aligned} \tag{3-34}$$

由于问题的对称性，如力 P 作用在 $+b$ 处，它在 B 点的 K_I^B 和 $-b$ 处的点力在 A 点的 K_I^A ［即式（3-34）］相同。同理，力 P 作用在 $-b$ 处，它在 B 点的 K_I^B 由式（3-33）给出。

因此，如在距裂纹中心为 $\pm b$ 处各有一对集中力 P 作用，这时 A、B 点处的 K_I 相同，且等于式（3-33）和式（3-34）之和，即：

$$K_I = K_I^A(+b) + K_I^A(-b)$$

$$K_I = \frac{P}{\sqrt{\pi a}} \cdot \sqrt{\frac{a+b}{a-b}} + \frac{P}{\sqrt{\pi a}}\sqrt{\frac{a-b}{a+b}} = \frac{P}{\sqrt{\pi a}} \cdot \frac{2a}{\sqrt{a^2-b^2}} \tag{3-35}$$

（2）帕里斯（Pairs）位移公式

如图 3-14 所示的裂纹体，受力 P 作用，现在要求裂纹面上下两点 D_1、D_2 沿其连线方向的相对位移 δ。

根据材料力学中的卡斯提安诺定理（应力变分方程），外力作用点沿作用力方向的位移等于应变能对外力的偏导数，故 A 点沿 P 方向的位移 δ 为：

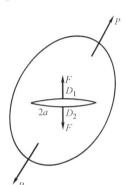

图 3-14 虚力对和相对位移

$$\delta = \frac{\partial E}{\partial P} \tag{3-36}$$

如在 A 点作用着一对大小相等，方向相反的偶力，则上式就表示 A 点沿 P 方向的相对位移。为了求 D_1、D_2 点之间的相对位移，可以设想沿 D_1、D_2 连线方向引入一对虚力 F。这时系统应变能 E 就不仅和 P、a 有关，也和 F 有关。即：

$$E = E(P \cdot a \cdot F)$$

虚力引起的相对位移为：

$$\delta = \lim_{F \to 0}\left(\frac{\partial E}{\partial F}\right)_{P \cdot a} \tag{3-37}$$

即按上式先求出偏导数 $\frac{\partial E}{\partial P}$（它和 F 有关），再让虚力 F 趋于零，这样就可获得没有虚力，仅是力 P 在 D_1、D_2 间的相对位移。

由第 2 章式（2-78），在恒力条件下，有：

$$G_I = \left(\frac{\partial E}{\partial a}\right)_p$$

积分上式，得：

$$E(P \cdot a \cdot F) = E_0(P \cdot F) + \int_0^a G_I \mathrm{d}a \tag{3-38}$$

其中 $E_0(P \cdot F)$ 是无裂纹体（$a=0$）的应变能。用 $K_I = K_{IP} + K_{IF}$

由式（2-82）知：

$$G_I = \frac{K_I^2}{E'}$$

$$E' = \begin{cases} E & \text{平面应力} \\ \dfrac{E}{1-\nu^2} & \text{平面应变} \end{cases}$$

把 $G_I = \frac{1}{E'}(K_{IP} + K_{IF})^2$ 代入式（3-38），再代入式（3-37），得：

$$\delta = \lim_{F \to 0}\left[\frac{\partial E_0(P \cdot F)}{\partial F} + \frac{\partial}{\partial F}\int_0^a \frac{1}{E'}(K_{IP} + K_{IF})_I^2 da\right]$$

$$= \lim_{F \to 0}\left[\frac{\partial E_0}{\partial F} + \frac{1}{E'}\int_0^a 2(K_{IP} + K_{IF}) \cdot \frac{\partial K_{IF}}{\partial F} da\right]$$

因为：

$$K_{IF} = Y \cdot \sigma_F \cdot \sqrt{a} \propto Y\sqrt{a} \cdot F$$

即力 F 产生的 K_I 和力的大小成正比，故在 $F \to 0$ 的极限过程中 $K_{IF} = 0$。上式变为：

$$\delta = \left(\frac{\partial E_0}{\partial F}\right)_{F=0} + \frac{2}{E'}\int_0^a K_{IP} \cdot \frac{\partial K_{IF}}{\partial F} da \qquad (3\text{-}39)$$

这就是帕里斯位移公式，其中第一项为无裂纹体时，D_1、D_2 点在力 P 作用下沿其连线方向的相对位移。如 D_1、D_2 点为裂纹上下表面的对应点，无裂纹时，D_1、D_2 点重合，没有相对位移，即 $\delta_0 = \left(\frac{\partial E_0}{\partial F}\right)_{F=0} = 0$，这时，

$$\delta = \frac{2}{E'}\int_0^a K_{IP} \frac{\partial K_{IF}}{\partial F} da \qquad (3\text{-}40)$$

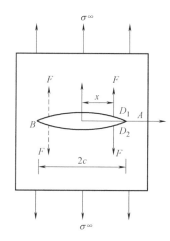

图 3-15　中心贯穿裂纹，
　　　　受均匀拉应力

应当指出，在应用这个位移公式时，力 P 以及 D_1、D_2 点的位置是不变的。裂纹长度（或面积）为变量。

（3）无限远处均匀应力 σ 产生的张开位移

如图 3-15，无限宽板中心贯穿裂纹，长 $2c$，在无限远处作用着均匀的拉应力 σ^∞。求距裂纹中心为 x 处的裂纹张开位移（即 D_1、D_2 点相对位移 δ_1），为此在 D_1、D_2 处引入一对虚力 F，在 $-x$ 处引入一对虚力 F，则对称的虚力引起的应力强度因子为：

$$K_{IF} = K_{IF_1}^A + K_{IF_2}^A = K_{IF_1}^B + K_{IF_2}^B$$

$$= \frac{F}{\sqrt{\pi c}}\frac{2c}{\sqrt{c^2 - x^2}} \qquad (3\text{-}41)$$

$K_{IF_1}^A$，$K_{IF_1}^B$ 和 $K_{IF_2}^A$，$K_{IF_2}^B$ 分别参照式（3-33）和式（3-34）。

如以 2ξ 代表裂纹在增大时的瞬间长度，则用 ξ 代替 c，就得：

$$K_{IF} = \frac{F}{\sqrt{\pi\xi}}\frac{2\xi}{\sqrt{\xi^2 - x^2}}$$

$$\frac{\partial K_{IF}}{\partial F} = \frac{1}{\sqrt{\pi\xi}} \cdot \frac{2\xi}{\sqrt{\xi^2 - x^2}} \qquad (3\text{-}42)$$

无限远处均应力 σ^∞ 在裂纹前端产生的应力场强度因子为［见式（2-70），用 c 代 a］：

$$K_{IP} = \sigma\sqrt{\pi c}$$

对长为 2ξ 的瞬时裂纹：

$$K_{IP} = \sigma\sqrt{\pi\xi} \qquad (3\text{-}43)$$

由式（3-40）：

$$\delta_1 = \frac{2}{E'}\int_0^c K_{IP}\frac{\partial K_{IF}}{\partial F}d\xi = \frac{2}{E'}\left[\int_0^x K_{IP}\frac{\partial K_{IF}}{\partial F}d\xi + \int_x^c K_{IP}\frac{\partial K_{IF}}{\partial F}d\xi\right]$$

因为当裂纹瞬时长度 $\xi < x$ 时，点力对 F 并不作用在裂纹上下界面上。这时作用在统一点上的点力对（大小相等，方向相反）互相抵消，对 K_I 无贡献，故上式第一个积分为零，这就是说，在计算位移时，积分下限是所求点（即虚力作用点 x）的位置，即：

$$\delta_1 = \frac{2}{E'}\int_x^c K_{IP}\frac{\partial K_{IF}}{\partial F}d\xi \tag{3-44}$$

把式（3-42）、式（3-43）代入得：

$$\delta_1 = \frac{2}{E'}\int_x^c \sigma\sqrt{\pi\xi}\cdot\frac{1}{\sqrt{\pi\xi}}\cdot\frac{2\xi}{\sqrt{\xi^2-x^2}}d\xi \tag{3-45}$$

$$= \frac{4\sigma}{E'}\cdot\left[\sqrt{\xi^2-x^2}\right]_x^c = \frac{4\sigma}{E'}\sqrt{c^2-x^2}$$

（4）点对力引起的张开位移

如图 3-16，距裂纹中心 $\pm b$ 处的裂纹表面，作用有一对压力 $-P$。求距裂纹中心 x 处 D_1、D_2 点的相对 δ_2。

一对压力 $-P$ 产生的 K_I 也由式（3-42）给出，但要用 $-P$ 代替 F，用 b 代替 x（因为力 $-P$ 作用在 $\pm b$ 处）。如裂纹瞬时长为 2ξ，则：

$$K_{IP} = \frac{-P}{\sqrt{\pi\xi}}\cdot\frac{2\xi}{\sqrt{\xi^2-b^2}} \tag{3-46}$$

把式（3-42）、式（3-46）代入式（3-44）就得：

$$\delta_2 = \frac{2}{E'}\int_x^c K_{IP}\frac{\partial K_{IF}}{\partial F}d\xi$$

$$= \frac{2}{E'}\int_x^c \frac{-2P\xi}{\sqrt{\pi\xi}}\times\frac{1}{\sqrt{\xi^2-b^2}}\cdot\frac{2\xi}{\sqrt{\pi\xi}}\cdot\frac{1}{\sqrt{\xi^2-x^2}}d\xi \tag{3-47}$$

$$= \frac{-8P}{E'\pi}\int_x^c \frac{\xi}{\sqrt{(\xi^2-b^2)(\xi^2-x^2)}}d\xi$$

（5）分布力引起的张开位移

如图 3-17，在 $(-c, -a)$ 以及 (a, c) 区间内作用着分布应力 $\sigma(b)$，在 $\pm b$ 点处的压力为 $-\sigma(b)\cdot db$。分布压力对引起的应力强度因子为：

$$K_{IP} = \int_a^c \frac{-2\xi}{\sqrt{\pi\xi}}\cdot\frac{\sigma(b)}{\sqrt{\xi^2-b^2}}db \tag{3-48}$$

与式（3-44）分析类似，把式（3-48），式（3-42）代入式（3-44），就得分布力引起的位移为：

$$\delta_2 = \frac{2}{E'}\int_x^c \frac{\partial K_{IF}}{\partial F}K_{IP}d\xi$$

$$= \frac{2}{E'}\int_x^c \frac{2\xi}{\sqrt{\pi\xi}\sqrt{\xi^2-x^2}}d\xi\int_a^\xi \frac{-\sigma(b)}{\sqrt{\pi\xi}}\cdot\frac{2\xi}{\sqrt{\xi^2-b^2}}db \tag{3-49}$$

$$= \frac{-8}{\pi E'}\int_x^c \frac{\xi}{\sqrt{(\xi^2-x^2)}}d\xi\cdot\int_a^\xi \frac{\sigma(b)}{\sqrt{\xi^2-b^2}}db$$

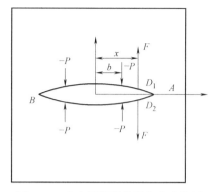

图 3-16 中心贯穿裂纹受集中力作用

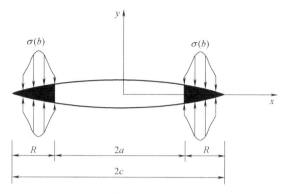

图 3-17 中心贯穿裂纹受分布力

（6）D-M 模型塑性区宽度

D-M 模型（即窄带塑性区模型，见图 3-10）认为拉伸薄板中心贯穿裂纹（长为 $2a$）两端的塑性区呈尖劈形，在塑性区内 $(-c，-a)$，$(a，c)$ 上下两表面受到均匀的屈服应力 $-\sigma_s$ 作用。它力图使塑性区上下两面密合。根据这个条件，就可决定塑性区的大小：

$$R = c - a \tag{3-50}$$

A 点（或 B 点）K_I 由两部分构成，一是无穷远处均匀应力 σ 在 A 点产生的 K_I，其值由式（3-43）给出：

$$K_I^{(1)} = \sigma \sqrt{\pi c}$$

另外作用在 $(-c，-a)$，$(a，c)$ 上的分布应力对 $-\sigma_s db$，也会在 A 点产生 K_I，其值由式（3-48）给出：

$$K_I^{(2)} = \int_a^c \frac{2c}{\sqrt{\pi c}} \cdot \frac{-\sigma_s}{\sqrt{c^2 - b^2}} db$$

整理可得总应力强度因子：

$$K_I = K_I^{(1)} + K_I^{(2)}$$

$$= \sigma \sqrt{\pi c} - \frac{2\sqrt{c}}{\sqrt{\pi}} \sigma_s \cdot \cos^{-1} \frac{a}{c}$$

塑性区端点（$\pm c$ 点）应力无奇异值，要求 $K_I = 0$，即：

$$\sigma \sqrt{\pi c} - \frac{2\sqrt{c}}{\sqrt{\pi}} \sigma_s \cdot \cos^{-1} \frac{a}{c} = 0$$

$$\cos^{-1} \frac{a}{c} = \frac{\pi \sigma}{2\sigma_s}$$

$$\frac{a}{c} = \cos \frac{\pi \sigma}{2\sigma_s} \tag{3-51}$$

塑性区尺寸为：

$$R = c - a = \left(a \frac{1}{\frac{a}{c}} - 1 \right) = a \cdot \left(\sec \frac{\pi \sigma}{2\sigma_s} - 1 \right) \tag{3-52}$$

将上式用级数展开，得：

$$R = \frac{\pi}{8}\left(\frac{K_{\mathrm{I}}}{\sigma_{\mathrm{s}}}\right)^2 \tag{3-53}$$

第 3.2 节获得的平面应力塑性区尺寸为［见式（3-29）］

$$R = \frac{1}{\pi}\left(\frac{K_{\mathrm{I}}}{\sigma_{\mathrm{s}}}\right)^2$$

和上式比较，知 D-M 模型得到的塑性区略大。

（7）D-M 模型的裂纹顶端张开位移

如图 3-10 所示的 D-M 模型，求裂纹顶端（即 $\pm a$ 处）的张开位移 δ。在 $x = a$ 的 D_1、D_2 点的相对位移（即裂纹顶端张开位移）。它由两部分构成，一是无限远处均匀应力 σ 在 $x = a$ 处产生的张开位移 δ_1，二是 $(-c, -a)$，(a, c) 之间的分布应力 $-\sigma_{\mathrm{s}}$，在 $x = a$ 处产生的位移 δ_2。即：

$$\delta = \delta_1 + \delta_2$$

δ_1 由式（3-45）给出，δ_2 式（3-49）给出，整理得裂纹顶端张开位移（即 COD）δ 为：

$$\begin{aligned}
\delta &= \delta_1 + \delta_2 \\
&= \frac{4\sigma}{E'} \cdot \sqrt{c^2 - a^2} - \frac{4\sigma}{E'} \cdot \sqrt{c^2 - a^2} + \frac{8a\sigma_{\mathrm{s}}}{\pi E'} \cdot \ln\frac{c}{a} \\
&= \frac{8a\sigma_{\mathrm{s}}}{\pi E'} \cdot \ln\frac{1}{\cos\dfrac{\pi\sigma}{2\sigma_{\mathrm{s}}}} \\
&= \frac{8a\sigma_{\mathrm{s}}}{\pi E'} \cdot \ln\sec\frac{\pi\sigma}{2\sigma_{\mathrm{s}}}
\end{aligned}$$

由于 D-M 模型对薄板比较合适，故是平面应力状态，上式中的 E' 就是 E。即：

$$\delta = \frac{8a\sigma_{\mathrm{s}}}{\pi E}\ln\sec\frac{\pi\sigma}{2\sigma_{\mathrm{s}}} \tag{3-54}$$

3.4 小范围屈服下的裂纹扩展

3.4.1 裂纹扩展的一般特点

裂纹扩展规律的研究，是断裂力学的中心任务。对于理想脆性材料，上一章分别从裂纹尖端附近应力场强度的观点和能量平衡的观点进行了研究，分别建立了应力强度因子断裂准则和能量释放断裂准则。在线弹性条件下，这两个条件是完全等价的。以应力强度因子断裂准则为例，$K = K_{\mathrm{c}}$，既表示裂纹的起裂准则，又表示裂纹的失稳准则，如图 3-18（a）所示。K_{c} 是材料常数，表示材料抵抗裂纹扩展的能力，称为裂纹扩展阻力。但是，在平面应力条件下，或者，在平面应变条件下的中、低强度的金属材料，裂纹开裂以后，并不意味着马上失稳。要使裂纹继续扩展，还必须增加荷载，此时的裂纹扩展是稳定的。

稳定裂纹扩展的研究，是近几年弹塑性断裂力学研究的主要课题，也是一个还未很好解决的问题。但是，在小范围屈服条件下，及裂纹扩展量 Δa 相对于裂纹长度及其他特征尺寸很小的情况下，我们仍可以认为，扩展中的裂纹尖端仍处在 K 控制场。也就是说，

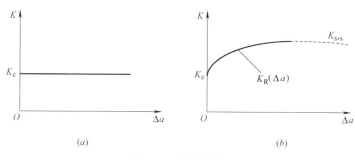

图 3-18 阻力曲线

（a）脆性断裂；（b）延性断裂

在裂纹尖端附近，仍存在一个区域，在这个区域里，应力场强度主要由 K 决定，K 的大小直接控制着裂纹的扩展。此时，裂纹扩展阻力仍然可以近似地用扩展瞬时的应力强度因子的值来代表。一般来说，其随着裂纹扩展量 Δa 的增加而增加，如图 3-18（b）所示。为与起裂值 K_c 相区别，记作 $K_R(\Delta a)$，大小与材料本身性质有关，称为 R 阻力曲线。在阻力曲线上，若出现了一条水平线，图 3-18（b）的虚线所示。这说明，随着裂纹扩展量 Δa 的增加，裂纹扩展阻力不变，因此，裂纹尖端附近的应力状态也不变，此时的裂纹扩展称为定常状态的裂纹扩展，对应的裂纹扩展阻力，记作 $K_{s \cdot s}$。对于某些材料，$K_{s \cdot s}$ 常是起裂时 K_c 的几倍。因此，裂纹稳定扩展的研究具有十分重要的实际意义。

3.4.2 断裂准则

如果材料在起裂以后，裂纹扩展是稳定的，则断裂准则的建立要比理想脆性材料复杂得多。假设 K 表示外加载荷作用下裂纹体的应力强度因子。显然，如图 3-18（b），起裂条件可表示为：

$$K = K_c \qquad (3-55)$$

起裂后，裂纹长度由 a_0 增加到 $a_0 + \Delta a$，如果要保持裂纹连续扩展，显然必须满足条件：

$$K = K_R(\Delta a) \qquad (3-56)$$

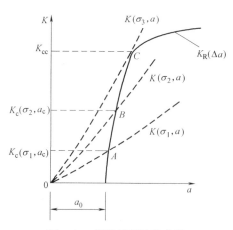

图 3-19 裂纹扩展的稳定性

式（3-56）称为裂纹连续扩展条件。$K_R(\Delta a)$ 为与裂纹扩展量有关的材料特性曲线，可由试验确定。当：

$$K = K_{s \cdot s} \qquad (3-57)$$

式（3-57）称为裂纹定常扩展条件。显然，裂纹失稳临界点的确定，具有很大的实际意义。为此，如图 3-19 所示，把 $K_R(\Delta a)$ 阻力曲线，画在（K，a）坐标系中，对于给定的裂纹体，在给定的外力 σ 作用下，应力强度因子 $K(\sigma, a)$ 为 σ 和 a 的函数，设 $K(\sigma, a)$ 随 σ 的增加而增加。对于不同的外力 σ_1、σ_2、σ_3，K 随 a 的变化曲线，如图 3-19 的虚线所示。与 $K_R(\Delta a)$ 曲线交于 A、

B、C，但在 A、B 点，由于有：

$$\frac{\partial K}{\partial a} < \frac{\partial K_R}{\partial a} \qquad (3-58)$$

因此，裂纹是稳定的，要使裂纹扩展，需要继续增加荷载。对于 $K(\sigma_3, a)$ 曲线，与 K_R 阻力曲线在 C 点相切，因此有：

$$\left.\begin{array}{l} K = K_R \\[6pt] \dfrac{\partial K}{\partial a} = \dfrac{\partial K_R}{\partial a} \end{array}\right\} \qquad (3-59)$$

为失稳的临界状态，对应的应力强度因子，记作 K_{cc}，定义为韧性材料失稳的临界应力强度因子。式（3-59）称为失稳扩展条件。从以上看到，由式（3-55）、式（3-59）给出的条件，分别代表裂纹扩展的不同阶段的裂纹扩展准则，在文献中，有时统称为断裂准则。

3.5　J 积分理论

Rice 于 1968 年提出 J 积分，紧接着提出了 HRR 理论，奠定了 J 积分在弹塑性断裂力学中的主导地位。近几十年来，人们对 J 积分的理论、物理意义、特性及应用进行了大量的研究，完善并发展了 J 积分理论。现在 J 积分已经得到了广泛的应用，在许多国家都制订了 J 积分测试标准。J 积分和 COD 已经成为弹塑性断裂力学中的两个最主要的参量。

3.5.1　J 积分定义

设有一均质板，板上有一穿透裂纹，裂纹表面为自由表面（即无外力作用），但外力使裂纹周围产生二维的应力、应变场。定义 J 积分如下（图 3-20a）：

$$J = \int_T \left(\omega \mathrm{d}y - T \cdot \frac{\partial u}{\partial x} \mathrm{d}s \right) = \int_T \left(\omega n_1 - \sigma_{ij} \frac{\partial u_i}{\partial x_1} n_j \right) \mathrm{d}s = \int_T (\omega \sigma_{1j} - \sigma_{ij} u_{i,1}) n_j \mathrm{d}s \qquad (3-60)$$

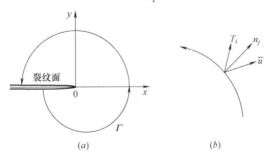

图 3-20　J 积分回路

以上三式都是 J 积分的定义式，是等价的。其中：

积分路径 Γ 为从裂纹下表面上任意一点出发，沿着一路径绕过裂纹尖端，最后终止于裂纹上表面的任意一点。$\omega = \int_0^{\varepsilon_{ij}} \sigma_{kl} \mathrm{d}\varepsilon_{kl}$ 为应变能密度。T_i 是积分路径 Γ 边界上的应力矢量，其分量为：

$$T_i = \sigma_{ij} n_j \, , \, i,j = 1,2 \tag{3-61}$$

式中，$\bar{u}$ 是路径 Γ 上的位移矢量；n_j 是路径 Γ 上弧元素外法线的方向余弦，见图 3-20 (b)。由图可见：

$$\mathrm{d}x_2 = n_1 \mathrm{d}s \, , \mathrm{d}x_1 = -n_2 \mathrm{d}s$$

式中，σ_{ij} 是 Kronecker 符号，即：

$$\delta_{ij} = \begin{cases} 1 & i=j \\ 0 & i \neq j \end{cases} \tag{3-62}$$

式（3-60）中采用了指标记法，$x_1 = x$，$x_2 = y$，下角标 i，j 的范围均为 1、2。每项中如果有两个相同的指标，则代表求和，如：

$$\omega \delta_{1j} n_j = \sum_{j=1}^{2} \omega \delta_{1j} n_j \, , \sigma_{ij} u_{i,1} n_j = \sum_{i=1}^{2} \sum_{j=1}^{3} \sigma_{ij} u_{i,1} n_j$$

式中 "," 代表求导，即 $u_{i,1} = \dfrac{\partial u_i}{\partial x_1}$。

J 积分与路径无关，是它的重要特性。在式（3-60）中，积分路径 Γ 可以任意选择，只是要从裂纹下表面上任意一点出发，绕过裂纹尖端，终止于裂纹上表面的任意一点即可。称这一特性为 J 积分的恒性。

3.5.2　J 积分的守恒证明

将裂纹尖端奇异点除外，作一封闭曲线 Γ^*，令 Γ^* 分为四段，即 Γ_1、Γ_2、Γ_3 与 Γ_4，如图 3-21 所示。这样，闭合域 Γ^* 内无奇异点。可证明沿闭合曲线 Γ^* 的积分为零：

$$\int_{\Gamma^*} \left(W \delta_{1j} - \sigma_{ij} \frac{\partial u_i}{\partial x_1} \right) n_j \mathrm{d}s = 0 \tag{3-63}$$

应用 Green 公式：

$$\int_s (P \mathrm{d}x_1 + Q \mathrm{d}x_2) = \iint_A \left(\frac{\partial Q}{\partial x_1} - \frac{\partial P}{\partial x_2} \right) \mathrm{d}x_1 \mathrm{d}x_2 \tag{3-64}$$

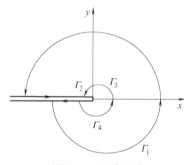

图 3-21　积分回路

设 $Q = -P$，又因 $\mathrm{d}x_1 = n_2 \mathrm{d}s$ 与 $\mathrm{d}x_2 = -n_1 \mathrm{d}s$ 将 Green 公式改成以下形式：

$$\int_s P n_j \mathrm{d}s = \iint_A \frac{\partial P}{\partial x_j} \mathrm{d}A \tag{3-65}$$

用 Green 公式将式（3-63）的线积分改为面积分，则有：

$$\begin{aligned} \int_{\Gamma^*} \left(W \delta_{1j} - \sigma_{ij} \frac{\partial u_i}{\partial x_1} \right) n_j \mathrm{d}s &= \iint_A \frac{\partial}{\partial x_j} \left[W \delta_{1j} - \left(\sigma_{ij} \frac{\partial u_i}{\partial x_1} \right) \right] \mathrm{d}A \\ &= \iint_A \left[\frac{\partial W}{\partial x_1} - \frac{\partial}{\partial x_j} \left(\sigma_{ij} \frac{\partial u_i}{\partial x_1} \right) \right] \mathrm{d}A \end{aligned} \tag{3-66}$$

继续推导，需要应用弹性理论中的平衡方程，内部无体力时为：

$$\frac{\partial \sigma_{ij}}{\partial x_j} = 0 \tag{3-67}$$

小变形的几何方程：

$$\varepsilon_{ij} = \frac{1}{2}\left(\frac{\partial u_i}{\partial x_j} + \frac{\partial u_j}{\partial x_i}\right) \tag{3-68}$$

以及非线性弹性的物理方程：

$$\frac{\partial W}{\partial \varepsilon_{ij}} = \sigma_{ij} \tag{3-69}$$

应用上述弹性力学方程，求：

$$\frac{\partial W}{\partial x_1} = \frac{\partial W}{\partial \varepsilon_{ij}}\frac{\partial \varepsilon_{ij}}{\partial x_1} = \sigma_{ij}\frac{\partial}{\partial x_1}\left[\frac{1}{2}\left(\frac{\partial u_i}{\partial x_j} + \frac{\partial u_j}{\partial x_i}\right)\right] = \sigma_{ij}\frac{\partial}{\partial x_j}\left(\frac{\partial u_i}{\partial x_1}\right)$$

$$= \frac{\partial}{\partial x_j}\left(\sigma_{ij}\frac{\partial u_i}{\partial x_1}\right) - \frac{\partial \sigma_{ij}}{\partial x_j}\frac{\partial u_i}{\partial x_1} = \frac{\partial}{\partial x_j}\left(\sigma_{ij}\frac{\partial u_i}{\partial x_1}\right) \tag{3-70}$$

在推证中，应用应力张量的对称性（即 $\sigma_{ij} = \sigma_{ji}$）与下角标的互换 $\left(\sigma_{ij}\frac{\partial u_i}{\partial x_j} \rightarrow \sigma_{ji}\frac{\partial u_j}{\partial x_i}\right)$。

代入式（3-66）后，即得到：

$$\int_{\Gamma^*}\left(W\delta_{1j} - \sigma_{ij}\frac{\partial u_i}{\partial x_1}\right)n_j \mathrm{d}s = 0$$

或写成：

$$\int_{\Gamma^*}\left(W\mathrm{d}y - T \cdot \frac{\partial u_i}{\partial x}\mathrm{d}s\right) = 0$$

回路 Γ^* 分为四部分：Γ_1、Γ_2、Γ_3 与 Γ_4。在裂纹上、下表面的路程上，$\mathrm{d}y = 0$ 且 T 为零，故沿 Γ_2 和 Γ_4 的积分为零。又 Γ_1 和 Γ_3 曲线绕裂纹尖端转动方向相反，按 J 积分回路线积分符号规定沿 Γ_1 积分为正，沿 Γ_3 积分为负，于是有：

$$\int_{\Gamma_1}\left(W\mathrm{d}y - T \cdot \frac{\partial u_i}{\partial x}\mathrm{d}s\right) = -\int_{\Gamma_3}\left(W\mathrm{d}y - T \cdot \frac{\partial u_i}{\partial x}\mathrm{d}s\right)$$

将曲线 Γ_3 的方向倒过来，则得到 J 积分与选择的路线无关的结论。

应该注意，在上述推导中，应用了非线性弹性体的物理方程。对于弹塑性材料，应用全量理论和单调加载才符合非线性弹性体的物理方程。因为在塑性理论的全量理论中，物理方程与式（3-69）相同，即 σ_{ij}（或 ε_{ij}）由 ε_{ij}（或 σ_{ij}）唯一确定，与加载的历史无关。当然，不允许发生卸载，如果发生卸载，ε_{ij} 与 σ_{ij} 的关系就不是唯一的，同时 W 也失去了确定的意义。因此，J 积分的守恒性只有在应用全量理论和单调加载情况下才能成立。另外，式（3-67）要求平衡方程中不存在体积力，式（3-68）要求 J 积分限定于小变形理论。以上是 J 积分守恒性成立的前提条件。

参考文献

[1] 郦正能. 应用断裂力学. 北京：北京航空航天大学出版社，2012.

[2] 徐振兴. 断裂力学. 长沙：湖南大学出版社，1987.

[3] 徐秉业，刘信声. 应用弹塑性力学. 北京：清华大学出版社，1995.

[4] 徐芝纶. 弹性力学. 第 3 版. 北京：高等教育出版社，1990.

[5] 褚武扬. 断裂力学基础. 北京：科学出版社，1979.

第4章 混凝土断裂力学模型

混凝土裂缝尖端存在断裂过程区。对于实验室小尺寸试件而言，断裂过程区尺寸不可忽略。如采用传统线弹性断裂力学求解分析裂缝尖端应力应变场，可能导致材料断裂参数存在明显尺寸效应，从而低估结构实际的裂缝抵抗能力。本章主要介绍近年来常用的混凝土非线性断裂力学模型和准则。

4.1 虚拟裂缝模型

对于金属材料，黏聚裂缝模型认为裂缝前端非线性区域内的裂缝面上分布着一个大小等于屈服强度的塑性应力，当裂缝张开位移达到临界值时塑性应力为零。考虑到混凝土为一种准脆性材料，Hillerborg[1] 等提出了虚拟裂缝模型。该模型涉及的主要断裂参数为混凝土的拉伸软化曲线。

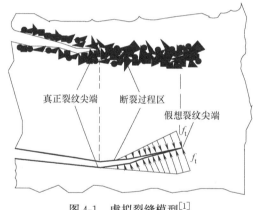

图 4-1 虚拟裂缝模型[1]

混凝土裂缝前端断裂过程区内存在微裂缝，集料互锁，粗糙表面的接触和摩擦等非线性现象，称为能量耗散区。虚拟裂缝模型将断裂过程区视为能传递应力的假想裂缝，且假想裂缝的尖端为未裂材料和损伤材料的分界点，裂缝末端黏聚力为零，为真正裂缝的尖端。虚拟裂缝模型中假设裂缝尖端处的主拉应力达到材料的抗拉强度时虚拟裂缝开始扩展，且沿与最大主拉应力垂直方向开裂。在虚拟裂缝张开的过程中，张开面上黏聚力 $\sigma(\omega)$ 随裂缝张开位移 ω 的增大而减小，采用软化曲线描述两者的关系。裂缝和断裂过程区以虚拟裂缝模型示意图如图 4-1 所示。该模型自提出以后便得到了广泛的改进和应用[2,3]。

描述黏聚区本构方程的拉伸软化曲线确定方法主要有：直接拉伸测试法[4]、J 积分方法[5]、R 曲线法[6]、柔度法[7]、逆推法[8]。拉伸软化关系的形式有线性[4,9]、双线性[10-13]、三线性[14]、指数关系[15-17] 等。

虚拟裂缝模型中将曲折的裂缝和裂缝前端的微裂缝带简化成了一条理想的直线裂缝，并认为能量耗散集中于裂缝面上，定义单位面积吸收的外力做功为断裂能 G_f，大小为拉伸软化曲线下的面积：

$$\int_0^{\omega_c} \sigma(\omega)\mathrm{d}\omega = G_f \qquad (4\text{-}1)$$

式中，ω_c 为临界最大裂缝张开位移。研究发现这种假设虽然有一定的合理性，但依然存在着一定的不足[2,18,19]。因为在混凝土材料实际起裂和扩展的过程中，裂缝尖端存在较大的损伤耗能区，即能量的消耗是由裂缝面和裂缝尖端区域材料共同产生的，等效成一条理想裂缝必然会带来一定的误差。

虚拟裂缝模型定义了特征长度 l_{ch} 来反映材料的脆性，表达式为：

$$l_{ch} = \frac{EG_f}{f_t^2} \tag{4-2}$$

式中，E 为弹性模量。特征长度值越小，表明材料越脆。

4.2 裂缝带模型

Rashid[20] 提出弥散裂缝模型，采用连续介质力学模型应用于混凝土开裂分析。由于弥散裂缝模型在数值计算中存在网格敏感性问题[21-23]。为解决该类问题，在裂缝扩展过程中引入了形成单位长度裂缝需要的能量释放率。基于以上研究分析，Bažant 等提出了裂缝带模型[24]。如图 4-2 所示，该模型涉及的断裂参数为断裂能 G_f 和裂缝带宽度 ω_c。

裂缝带模型将裂缝看作具有一定的宽度，并采用一条裂缝带来模拟实际裂缝和断裂过程区，将断裂能弥散于断裂带宽度范围内，进而采用连续介质力学对过程区进行研究。Bažant 认为裂缝带宽度为材料参数，实际应用中一般取为三倍的最大骨料尺寸并作为宏观行为的尺度标准。钝化裂缝带模型仍然采用了虚拟裂缝模型中的应变软化曲线和断裂能的概念，认为当裂缝带内应力达到混凝土抗拉强度后进入应变软化阶段，而裂缝带周围材料仍为线弹性，且认为裂缝带内混凝土从损伤到形成宏观裂缝所消耗的能量为断裂能。该模型在数值计算中为避免网格敏感性问题，当模拟开裂的单元网格尺寸 ω 大于 ω_c 时调整应变软化段，使宽度为 ω 和 ω_c 的断裂带耗能相等，如图 4-3 所示。

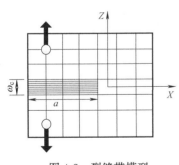

图 4-2 裂缝带模型

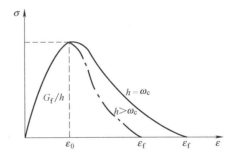

图 4-3 应变软化曲线调整图

以 I 型裂缝为例，给定笛卡尔坐标系 $x_1 = x$，$x_2 = y$，$x_3 = z$，假定开裂方向与 z 轴垂直。混凝土假设为理想均质材料，则正应力与正应变之间的关系为：

$$\begin{Bmatrix} \varepsilon_x \\ \varepsilon_y \\ \varepsilon_z \end{Bmatrix} = \frac{1}{E} \begin{bmatrix} 1 & -\nu & -\nu \\ -\nu & 1 & -\nu \\ -\nu & -\nu & 1 \end{bmatrix} \begin{Bmatrix} \sigma_x \\ \sigma_y \\ \sigma_z \end{Bmatrix} + \begin{Bmatrix} 0 \\ 0 \\ \varepsilon_f \end{Bmatrix} \tag{4-3}$$

式中，σ_x、σ_y 和 σ_z 为主应力；ε_x、ε_y 和 ε_z 为主应变；ν 为泊松比；E 为弹性模量。混凝土材料中微裂缝的形成并不会影响 x 和 y 方向的应变。ε_f 为微裂缝张开引起的附加应变，

大小表示为：

$$\varepsilon_f = \delta_f / \omega_c \tag{4-4}$$

式中，$\delta_f = \sum_i \delta_f^i$ 为裂缝带 ω_c 宽度内所有微裂缝沿 y 方向变形之和。

当裂缝尖端应力达到材料的抗拉强度时，混凝土开裂，此时 ε_f 值为 0。随着裂缝的张开，ε_f 增大，σ_z 逐渐减小，假设两者为线性变化的关系，如图 4-4 所示，则：

$$\varepsilon_f = f(\sigma_z) = \frac{1}{C_f}(f_t - \sigma_z) \tag{4-5}$$

式中，f_t 为混凝土单轴抗拉强度；$C_f = f_t / \varepsilon_0$；$\varepsilon_0$ 为应变软化曲线的结束点即微裂纹形成一条连续的裂缝，此时 σ_z 为 0 时的应变。

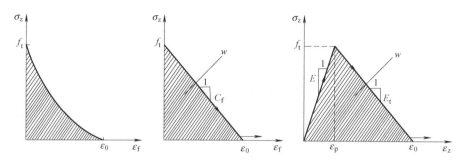

图 4-4　断裂过程区应力-应变曲线

将 ε_f 代入式（4-3）可得：

$$\begin{Bmatrix} \varepsilon_x \\ \varepsilon_y \\ \varepsilon_z \end{Bmatrix} = \frac{1}{E} \begin{bmatrix} 1 & -\nu & -\nu \\ -\nu & 1 & -\nu \\ -\nu & -\nu & E/E_t \end{bmatrix} \begin{Bmatrix} \sigma_x \\ \sigma_y \\ \sigma_z \end{Bmatrix} + \begin{Bmatrix} 0 \\ 0 \\ \varepsilon_0 \end{Bmatrix} \tag{4-6}$$

式中，E_t 为软化下降段的斜率，与弹性模量之间的关系表示为：

$$\frac{1}{E_t} = \frac{1}{E} - \frac{1}{C_f} \leqslant 0 \tag{4-7}$$

假设主应变与主应力方向一致，对于没有起裂的混凝土，其应力-应变关系表示为：

$$\begin{Bmatrix} \varepsilon_x \\ \varepsilon_y \\ \varepsilon_z \end{Bmatrix} = \begin{bmatrix} C_{11} & C_{12} & C_{13} \\ C_{21} & C_{22} & C_{23} \\ C_{31} & C_{32} & C_{33} \end{bmatrix} \begin{Bmatrix} \sigma_x \\ \sigma_y \\ \sigma_z \end{Bmatrix} \tag{4-8}$$

由于微裂纹的产生使得 ε_z 增加，导致刚度降低。因此引入刚度折减系数 μ，上式可写为：

$$\begin{Bmatrix} \varepsilon_x \\ \varepsilon_y \\ \varepsilon_z \end{Bmatrix} = \begin{bmatrix} C_{11} & C_{12} & C_{13} \\ C_{21} & C_{22} & C_{23} \\ C_{31} & C_{32} & C_{33}\mu^{-1} \end{bmatrix} \begin{Bmatrix} \sigma_x \\ \sigma_y \\ \sigma_z \end{Bmatrix} \tag{4-9}$$

式中，C_{11}，C_{12}，$\cdots$，C_{33} 为起裂前的初始弹性柔度；μ 取值在 $0 \sim 1$ 之间。当 $\mu = 1$ 时，表示材料没有起裂；当 $\mu \to 0$ 时，有 $\sigma_z \to 0$，表示材料达到软化终点。

令 $\varepsilon_z = E_t^{-1}\sigma_z + \varepsilon_0 = C_{33}\mu^{-1}\sigma_z$，即：

$$\frac{1}{\mu}=E\left(\frac{\varepsilon_0}{\sigma_z}+\frac{1}{E_t}\right)=-\frac{E}{E_t}\frac{\varepsilon_z}{\varepsilon_0-\varepsilon_z} \tag{4-10}$$

由图 4-4 可知，断裂能可以表示为：

$$G_f=\omega_c\int_0^{\varepsilon_0}\sigma_z(\varepsilon)\mathrm{d}\varepsilon=\frac{1}{2}\omega_c f_t\varepsilon_0=\frac{f_t^2}{2C_f}\omega_c \tag{4-11}$$

若由试验得到 G_f、ω_c 和 f_t 的值，则 C_f 和 ε_0 可表示为：

$$C_f=\frac{f_t^2\omega_c}{2G_f} \tag{4-12}$$

$$\varepsilon_0=\frac{f_t}{C_f}=\frac{2G_f}{f_t\omega_c} \tag{4-13}$$

最终可以得到断裂能 G_f 与整个应力应变曲线下包围的面积 W 之间的关系为：

$$\begin{aligned} G_f&=\frac{1}{2}\left(\frac{1}{E}-\frac{1}{E_t}\right)f_t^2\omega_c\\ &=\frac{1}{2}\left[f_t\varepsilon_p+f_t(\varepsilon_0-\varepsilon_p)\right]\omega_c=W\omega_c \end{aligned} \tag{4-14}$$

式中，ε_p 为峰值应变。

材料的软化特性通过刚度折减来实现，体现了与连续损伤力学的一致性。虽然裂缝带模型已经在数值计算中得到广泛应用，但目前将裂缝带的宽度定为常数具有一定的经验性，且需要调整软化曲线保持断裂能守恒才能避免网格敏感性问题。

4.3 双参数模型

Jenq 和 Shah[25] 提出混凝土断裂双参数模型，采用临界应力强度因子 K_{IC}^s 判别混凝土断裂，同时引入临界裂缝尖端张开位移 $CTOD_c$ 作为断裂参数。

双参数模型可采用图 4-5 所示的 $P\text{-}CMOD$（荷载-裂缝口张开位移）曲线表述：

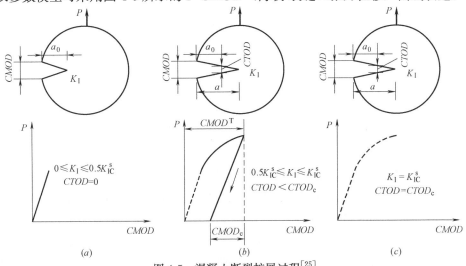

图 4-5 混凝土断裂扩展过程[25]

（a）线性阶段；（b）非线性阶段；（c）临界点 $K_I=K_{IC}^s$

在外荷载达到 50％峰值荷载值之前 $P\text{-}CMOD$ 曲线处于线性阶段，此时裂缝尖端的应力强度因子小于 $0.5K_{IC}^{s}$；

当外荷载超过 50％峰值荷载值之后，裂缝进入缓慢扩展阶段，$P\text{-}CMOD$ 曲线呈现出非线性；

当有效裂缝尖端应力强度因子达到临界应力强度因子 K_{IC}^{s} 时，裂缝尖端张开位移达到其临界值 $CTOD_c$；

达到临界点之后，若裂缝继续扩展，则有效裂缝尖端应力强度因子维持在其临界值 K_{IC}^{s} 状态。

双参数模型仍属于应力强度因子判别范畴，认为裂缝尖端应力强度因子在达到断裂韧度 K_{IC}^{s} 时发生破坏。该模型同样认为带裂缝混凝土构件在最大断裂荷载出现之前，裂缝存在缓慢非线性扩展。因此，计算材料断裂韧度时需采用原始裂缝长度加缓慢扩展的长度。

以标准三点弯曲梁为例，Jenq 和 Shah[25] 提出利用试验测得 $P\text{-}CMOD$ 曲线，取起始线性部分初始柔度 C_i 代入式（4-15）确定弹性模量 E。

$$E = 6Sa_0 V_1(\alpha)/(C_i W^2 B) \tag{4-15}$$

$$V_1(\alpha) = 0.76 - 2.28\alpha + 3.87\alpha^2 - 2.04\alpha^3 + 0.66/(1-\alpha)^2 \tag{4-16}$$

式中，S 为试件跨度；a_0 为试件初始裂缝长度；W 为试件高度；B 为试件厚度；$\alpha = (a_0 + H_0)/(W + H_0)$；$H_0$ 为刀口厚度。

取 $P\text{-}CMOD$ 曲线下降段 95％峰值荷载范围的卸载柔度 C_u，认为与峰值荷载点对应的卸载柔度相等，再将式（4-15）求得的弹性模量代入式（4-17），求得临界有效裂缝长度 a_c。

$$E = 6Sa_c V_1(\alpha)/(C_u W^2 B) \tag{4-17}$$

将峰值荷载 P_{max} 和临界有效裂缝长度 a_c 代入线弹性应力强度因子计算公式[26] 可求得临界应力强度因子 K_{IC}^{s}。

$$K_{IC}^{s} = \frac{3P_{max}S}{2BW^2}\sqrt{\pi a_c}F(\alpha) \tag{4-18}$$

$$F(\alpha) = \frac{1}{\sqrt{\pi}}\frac{1.99 - \alpha(1-\alpha)(2.15 - 3.93\alpha + 2.7\alpha^2)}{(1+2\alpha)(1-\alpha)^{3/2}} \tag{4-19}$$

其中，$\alpha = a_c/W$。

最终可确定临界裂缝尖端张开位移 $CTOD_c$ 的值：

$$CTOD_c = \frac{6P_{max}Sa_c}{W^2 BE}V_1(\alpha)\{(1-\beta)^2 + (-1.149\alpha + 1.081)(\rho - \beta^2)\}^{1/2} \tag{4-20}$$

其中，$\alpha = a_c/W$；$\beta = a_0/a_c$。

以上为双参数断裂模型求解断裂参数的计算方法。此外，双参数模型将临界裂缝尖端张开位移 $CTOD_c$ 作为混凝土断裂的参数，认为破坏时裂缝尖端张开位移达到其临界值，这与 Wells[27] 提出的适用于金属材料的裂缝张开位移准则以及相应的试验规范[28,29] 相类似，但意义存在明显不同。金属材料对应的位移为裂纹开裂临界值，而不是裂纹最后断裂破坏的临界值，而双参数模型中的临界裂缝尖端张开位移对应于最大断裂荷载时的位移。

4.4 尺寸效应模型

Bažant[30] 在钝化裂缝带模型[24] 的基础上，从能量释放角度提出了准脆性材料结构破坏名义强度的尺寸效应公式，也称为 Bažant 尺寸效应律。该模型中涉及的参数有临界能量释放率 G_f、临界断裂过程区等效长度 c_f、脆性指数 $\hat{\beta}$ 和 R 阻力曲线。

引入无量纲尺寸参数 $\lambda = d/d_a$（d_a 为最大骨料粒径），典型的尺寸效应律如图 4-6 所示。

强度理论中，受外荷载作用的构件发生破坏时，承受的名义应力 σ_N 满足：

$$\sigma_N = f_r' \tag{4-21}$$

式中，$\sigma_N = c_N P/bD$（c_N 与试件几何形状和加载方式有关，与几何尺寸无关；P 为外荷载；b 为试件厚度；D 为试件高度）；f_r' 为混凝土弯曲强度。基于强度理论分析的破坏曲线为图 4-6 中的水平直线。基于线弹性断裂力学理论分析的破坏曲线为图 4-6 中斜率为 $-1/2$ 的直线。

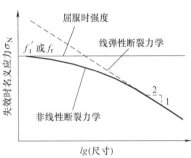

图 4-6 名义强度的尺寸效应律[30]

以图 4-7 为例说明 Bažant 尺寸效应模型理论公式的推导过程。图 4-7 中，混凝土矩形板厚度为 b，宽度为 $2d$，长度为 $2L$，含有长度为 $2a$，宽度为 $\omega_c = nd_a$ 的水平对称的裂缝带（n 为经验常数，混凝土中 $n = 3$[24]；岩石 $n = 5$[31]）。在远场外力 σ 作用下，矩形板在起裂之前应变能均匀分布，大小等于 $\sigma^2/2E_c$（E_c 为弹性模量）。假设随着裂纹带的扩展，图 4-7 中 1254361 区域内应变能释放。若假设直线 25、45、16 和 36 有固定的斜率 k_1（接近 1），则矩形板释放的总应变能为：

$$W = W_1 + W_2 = 2k_1 a^2 b \frac{\sigma^2}{2E_c} + 2nd_a ab \frac{\sigma^2}{2E_c} \tag{4-22}$$

假设在拉伸过程中，顶部和底部边界完全固定，即外力做功为 0，则矩形板能量释放率为：

$$\frac{\partial W}{\partial a} = \frac{2(2k_1 a + nd_a)b\sigma^2}{2E_c} \tag{4-23}$$

裂缝带模型中计算出了单位厚度的固体，根据式（4-14），单位长度裂缝带发展消耗的能量为：

$$G_f = \frac{1}{2}\left(\frac{1}{E_c} - \frac{1}{E_t}\right)f_t^2 \omega_c$$

根据能量守恒定理（热力学第一定律）可得：

$$\frac{\partial W}{\partial a} = G_f b \tag{4-24}$$

将式（4-24）代入式（4-23）可得：

$$\sigma_N = \overline{B} f_t^* \tag{4-25}$$

式中，$\sigma_N = \sigma$；$f_t^* = \dfrac{f_t}{\sqrt{1 + \lambda/\lambda_0}}$；$\lambda_0 = \dfrac{nd}{2k_1 a}$；$f_t$ 为混凝土单轴抗拉强度；$\overline{B} = \sqrt{1 - \dfrac{E_c}{E_t}}$。

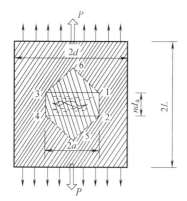

图 4-7　混凝土矩形板在轴拉作用
下裂缝带的扩展轮廓[30]

对几何相似试件，λ_0 为与尺寸无关的常数。f_t^* 表征结构的力学响应，也称为尺寸缩减强度。

根据裂缝带长度的不同，可分两种情况对混凝土梁在弯矩 M 作用下的尺寸效应进行说明。图 4-8 中给出了宽度为 b，高度为 d 的矩形截面梁，裂缝带宽度为 ω_c，裂缝长度为 a。

（1）当裂缝带长度很小（$a \ll d$）时，在弯矩 M 作用下，随着裂纹带的扩展，1264351 区域内应变能释放，若假设直线 15 和 26 有固定的斜率 k_1（接近 1）。裂缝开始扩展前，梁的弹性应变能密度为 $\sigma_1^2 / 2E_c$，$\sigma_1 = 6M/(bd^2)$。混凝土释放的总应变能为：

$$W = W_1 + W_2 = k_1 a^2 \frac{\sigma_1^2}{2E_c} + n d_a a \frac{\sigma_1^2}{2E_c} \tag{4-26}$$

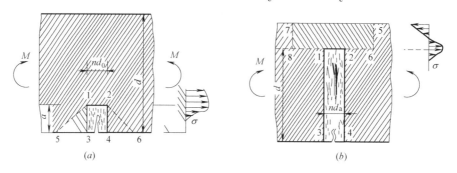

图 4-8　混凝土受弯梁中裂缝带的扩展轮廓
（a）$a \ll d$；（b）$d - a \ll d$

能量释放率为：

$$\frac{\partial W}{\partial a} = \frac{b(2k_1 a + n d_a)\left[6M/(bd^2)\right]^2}{2E_c} \tag{4-27}$$

由能量守恒和 $M = \sigma_N (d-a)^2 / c_1$（当采用弹性分析时 $c_1 = 6$，当采用塑性分析时 $c_1 = 4$）可得：

$$\sigma_N = \overline{B} f_t^*$$

式中，$\overline{B} = \dfrac{c_1}{6}\left(\dfrac{d}{d-a}\right)^2 \sqrt{1 - \dfrac{E_c}{E_t}}$；$\lambda_0 = \dfrac{nd}{2k_1 a}$。

（2）当裂缝韧带长度很小（$d - a \ll d$）时，在弯矩 M 作用下，根据圣维南定理，随着裂纹带的扩展，弯曲应力仅在 $d - a$ 区域内有影响，1265781 区域内应变能释放，若假设直线 18 和 26 有固定的斜率 $k_0(d-a)$（k_0 接近 1）。混凝土能量释放率为：

$$\frac{\partial W}{\partial a} = \frac{M\theta}{2} + W_0 \tag{4-28}$$

式中，θ 为加载过程中裂缝带引起的附加旋转角，大小近似为 $\theta = [2k_0(d-a) + n d_a]M/E_c I_1$；$I_1 = b(d-a)^3/12$；$W_0$ 为不含裂缝梁的应变能。

由能量守恒和 $M=\sigma_N(d-a)^2/c_1$（当采用弹性分析时 $c_1=6$，当采用塑性分析时 $c_1=4$）可得：

$$\sigma_N=\overline{B}f_t^*$$

与情况（1）不同的是，式中 $\overline{B}=\dfrac{c_1}{6}\sqrt{1-\dfrac{E_c}{E_t}}$；$\lambda_0=\dfrac{nd}{4k_0(d-a)}$。

基于以上研究，Bažant 提出了尺寸效应模型量纲分析的基本假说[30]：断裂过程区中总的能量释放率与裂缝带长度 a 和断裂带面积（nd_a）两个参数有关。因此，引入无量纲参数 $\alpha_1=\dfrac{a}{d}$ 和 $\alpha_2=\dfrac{nd_a a}{d^2}$，考虑到总能量释放率 W 必须与结构的体积 d^2b 和能量密度 $\sigma_N^2/2E_c$ 有关，提出了描述释放总能量 W 的表达式：

$$W=\frac{1}{2E_c}\left(\frac{P}{bd}\right)^2 f(\alpha_1,\alpha_2,\xi_i) \tag{4-29}$$

式中，$f(\alpha_1,\alpha_2,\xi_i)$ 是连续函数，且具有一阶连续导数，独立于结构尺寸 d。

由几何相似条件可知，不同尺寸构件具有相同的 ξ_i。因此，对 $f(\alpha_1,\alpha_2,\xi_i)$ 求微分可得：

$$\frac{\partial f}{\partial a}=\frac{\partial f}{\partial \alpha_1}\frac{\partial \alpha_1}{\partial a}+\frac{\partial f}{\partial \alpha_2}\frac{\partial \alpha_2}{\partial a} \tag{4-30}$$

根据能量守恒定理，式（4-29）整理可得：

$$\left(\frac{f_1}{d}+\frac{f_2 nd_a}{d^2}\right)\frac{P^2}{2bE_c}=G_f b \tag{4-31}$$

式中，$f_1=\dfrac{\partial f}{\partial \alpha_1}$；$f_2=\dfrac{\partial f}{\partial \alpha_2}$。

将 $P=\sigma_N bd$，$d=\lambda d_a$ 和 G_f 表达式代入式（4-31），整理可得：

$$\sigma_N=\frac{\overline{B}f_t'}{\sqrt{1+\dfrac{d}{\lambda_0 d_a}}} \tag{4-32}$$

式中，$\overline{B}=\dfrac{1}{f_2}\sqrt{1-\dfrac{E_c}{E_t}}$；$\lambda_0=\dfrac{nf_2}{f_1}$。

令 $f_t^*=f_t'(1+\lambda/\lambda_0)^{-1/2}$ 和 $\lambda=d/d_a$，同样整理可得：

$$\sigma_N=\overline{B}f_t^*$$

此时，式（4-32）为图 4-6 中从强度理论到线弹性断裂力学中间过渡区尺寸效应的描述。因为若假设结构总能量释放率仅与裂缝带长度有关，则 $f_2=0$。$\sigma_N=C/\sqrt{d}$，其中，$C=(2G_f E_c/f_t)2$ 为常数，此时 σ_N 尺寸效应符合线弹性断裂力学。相反，若假设结构总能量释放率仅与裂缝带面积有关，则 $f_1=0$。这样 σ_N 变为常数，满足强度理论分析结果。进一步分析可知，对于小尺寸混凝土构件来说，强度理论成立。对于大尺寸结构，线弹性断裂力学理论成立。而一般试验混凝土构件则需要式（4-32）来描述。

Bažant 等[32] 给出了破坏应力 σ_N 的简化表达式：

$$\sigma_N=\overline{B}f_t\left(1+\frac{d}{d_0}\right)^{-1/2} \tag{4-33}$$

通常情况下，尺寸效应模型用线性拟合方程来表述[33]：

$$Y = AX + C \tag{4-34}$$

式中，$X=d$；$Y=(f_t'/\sigma_N)^2$；$B=C^{-1/2}$；$d_0=C/A$。

该方法需多组不同高度试件断裂试验的峰值荷载，且试件需具有相同厚度、初始缝高比和跨高比。

Bažant 定义临界能量释放率 G_f 为无穷大结构裂缝延伸单位长度需要消耗的能量。当结构尺寸无穷大时即 $d\to\infty$，线弹性断裂力学成立。换句话说，$d\to\infty$ 时，断裂过程区延伸长度与试件尺寸的比值较小可以忽略不计即 $\alpha\to\alpha_0$。计算得到 G_f 表达式：

$$G_f = \frac{B^2 f_t'}{c_n^2 E} d_0 g(\alpha_0) = \frac{f_{2t}'}{c_n^2 AE} g(\alpha_0) \tag{4-35}$$

式中，$g(\alpha)=[f(\alpha)]^2$；$f(\alpha)$ 为形状函数，对普通几何形式，可查阅应力强度因子手册[26]得到具体表达式。当尺寸效应模型系数 A 确定之后，便可确定临界能量释放率大小。

由弹性等效裂缝概念可知，对于正几何构件，最大荷载对应的等效裂缝长度 a 可以看作初始裂缝长度 a_0 和弹性等效的非线性断裂过程区长度（记为 c）之和。因此，Bažant 认为：当结构尺寸无穷大时，试件边界对非线性段裂缝过程区周围的弹性变形场几乎没有影响。当弹性等效的非线性断裂过程区长度 c 到达其极限值 c_f 时，认为 c_f 值为常数，可得到表达式为：

$$c_f = \lim_{d\to\infty}(a-a_0) \tag{4-36}$$

根据临界能量释放率和任意荷载作用时刻能量释放率表达式可整理出 c_f 计算表达式为：

$$c_f = \frac{g(\alpha_0)}{g'(\alpha_0)} d_0 \tag{4-37}$$

由尺寸效应模型给出的 c_f 参数对试验或数值模拟结果的离散性相比，G_f 参数表现出更为突出的敏感性。这可能由于 c_f 不仅与 $g(\alpha)$ 相关，也与 $g(\alpha)$ 的一阶导数相关，而通常情况下，$g(\alpha)$ 一阶导数的离散性远远高于 $g(\alpha)$ 函数本身的离散性。

脆性指数可定量衡量材料或结构响应的脆性程度。虚拟裂缝模型[1]中，Hillerborg 等定义了特征长度 l_{ch} 分析材料的脆性程度。Bažant 重新定义脆性指数[34]：

$$\hat{\beta} = \frac{g(\alpha_0)}{g'(\alpha_0)} \frac{d}{c_f} = \frac{D}{c_f} \tag{4-38}$$

式中，$D=dg(\alpha_0)/g'(\alpha_0)$，表示等效结构尺寸。由于 $\hat{\beta}$ 同时考虑了 $g(\alpha_0)$ 和其一阶导数，所以不存在形状效应现象。当 $\hat{\beta}>10$ 时，结构可通过弹性断裂力学进行分析；当 $\hat{\beta}<0.1$ 时，结构可采用强度理论来预测力学行为；当 $0.1<\hat{\beta}<10$ 时，结构需要根据非线性断裂力学分析。

R 阻力曲线描述了裂缝扩展过程中需要提供能量的变化。根据线弹性断裂力学，裂缝稳定扩展的必要条件 $G=R$（能量释放率 G 代表驱动力，R 代表阻力），Bažant 等在文献[35] 和 [36] 中给出 R 曲线计算式：

$$R(c) = G(\alpha,d) = G_f \frac{g(\alpha)}{g(\alpha_0)} \frac{d}{d+d_0} \tag{4-39}$$

4.5 等效裂缝模型

根据上述提出的临界能量释放率 G_f 和临界断裂过程区长度 c_f 两个参数，可得到不同尺寸试件破坏应力 σ_N 表达式：

$$\sigma_N = c_n \left[\frac{EG_f}{g'(\alpha_0)c_f + g(\alpha_0)d} \right]^{1/2} \tag{4-40}$$

令 $\tau_N = \frac{\sqrt{g'(\alpha_0)}}{c_n}\sigma_N$，$D = dg(\alpha_0)/g'(\alpha_0)$，上式可进一步写为：

$$\tau_N = \left(\frac{EG_f}{c_f + D} \right)^{1/2} \tag{4-41}$$

式中，τ_N 为与形状无关的名义强度；D 为与形状无关的结构或构件的特征尺寸。

式（4-33）与式（4-41）为 Bažant 尺寸效应模型的两种不同形式，且两者的适用范围有所不同。式（4-33）由于参数 $\overline{B}$ 和 d_0 依赖于试件几何形式，所以要求尺寸效应非线性回归时试件的几何形式相同，且满足几何尺度相似性。而公式（4-41）在进行尺寸效应非线性回归分析时，试件可以有不同的几何形式，且对相同几何形式不同尺寸的试件可以不满足几何相似。

4.5 等效裂缝模型

Karihaloo 和 Nallathambi 提出了等效裂缝模型[37]。该模型给出两个断裂控制参数：临界等效裂缝长度 a_e 和等效裂缝尖端临界应力强度因子即断裂韧度 K_{Ic}^e。

不同于双参数模型，等效裂缝模型的等效原则基于荷载-加载点位移（P-δ）曲线。对含初始裂纹长度 a_0 的三点弯曲梁，等效裂缝模型认为在 P-δ 曲线初始弹性阶段上任一点对应的跨中挠度 δ_i 均可分为两部分：不带缺口三点弯曲梁跨中挠度 δ_{i1} 和初始裂纹引起的附加变形 δ_{i2}，由带缺口三点弯曲梁的应力强度因子可推导 δ_{i2} 大小。

假设混凝土泊松比为 0.2，则 δ_{i1} 可写为：

$$\delta_{i1} = \frac{P_i S^3}{4EBD^3} \left[1 + \frac{5wS}{8P_i} + \left(\frac{D}{S}\right)^2 \left(2.70 + 1.35\frac{wS}{P_i}\right) - 0.84\left(\frac{D}{S}\right)^3 \right] \tag{4-42}$$

式中，w 为梁自重；D 为梁高度；B 为厚度；S 为跨度。

由卡氏定理可知，跨中附加变形 δ_{i2} 为：

$$\delta_{i2} = \frac{9P_i}{2BE}\left(1 + \frac{wS}{2P_i}\right)\left(\frac{S}{D}\right)^2 F_2(\alpha) \tag{4-43}$$

$$F_2(\alpha) = \int_0^\alpha \alpha F_1^2(\alpha)d\alpha \tag{4-44}$$

对于 $S/D = 4$ 的试件：

$$F_1(\alpha) = \frac{1.99 - \alpha(1-\alpha)(2.15 - 3.93\alpha + 2.70\alpha^2)}{(1+2\alpha)(1-\alpha)^{3/2}} \tag{4-45}$$

式中，$\alpha = a/D$。对于 $0.1 < \alpha < 0.6$，$S/D = 4$ 和 8 的试件，误差在 1% 范围内可表示为：

$$F_1(\alpha) = A_0 + A_1\alpha + A_2\alpha^2 + A_3\alpha^3 + A_4\alpha^4 \tag{4-46}$$

式中，

$$\begin{cases} A_0 = 0.0075\dfrac{S}{D}+1.90 \\[4pt] A_1 = 0.0800\dfrac{S}{D}-3.39 \\[4pt] A_2 = -0.2175\dfrac{S}{D}+15.40 \\[4pt] A_3 = 0.2825\dfrac{S}{D}-26.24 \\[4pt] A_5 = -0.1450\dfrac{S}{D}+26.38 \end{cases} \tag{4-47}$$

最终，跨中总挠度 δ 表示为：

$$\begin{aligned} \delta_i &= \delta_{i1}+\delta_{i2} \\ &= \frac{P_i S^3}{4EBD^3}\left[1+\frac{5wS}{8P_i}+\left(\frac{D}{S}\right)^2\left(2.70+1.35\frac{wS}{P_i}\right)-0.84\left(\frac{D}{S}\right)^3\right]+ \\ &\quad \frac{9P_i}{2BE}\left(1+\frac{wS}{2P_i}\right)\left(\frac{S}{D}\right)^2 F_2(\alpha) \end{aligned} \tag{4-48}$$

将 $\alpha=\alpha_0=a_0/D$ 和线性段中 $(P_i，\delta_i)$ 代入式（4-48），可求得弹性模量 E。将 $P_{\max}$ 和该点对应的跨中挠度值 δ_p 代入上式，求解非线性方程可得 $\alpha_e=a_e/D$。

Karihaloo 和 Nallathambi 基于大量试验数据，拟合回归表达式计算 $\alpha_e=a_e/D$：

$$\frac{a_e}{D}=\gamma_1\left(\frac{\sigma_n}{E}\right)^{\gamma_2}\left(\frac{a_0}{D}\right)^{\gamma_3}\left(1+\frac{d_a}{D}\right)^{\gamma_4} \tag{4-49}$$

当弹性模量 E 由式（4-48）计算得到时，式中，

$$\begin{cases} \gamma_1 = 0.088\pm0.004 \\ \gamma_2 = -0.208\pm0.010 \\ \gamma_3 = -0.451\pm0.013 \\ \gamma_4 = -1.653\pm0.109 \end{cases} \tag{4-50}$$

当弹性模量 E 采用试验测量数据时，式中，

$$\begin{cases} \gamma_1 = 0.198\pm0.015 \\ \gamma_2 = -0.131\pm0.011 \\ \gamma_3 = -0.394\pm0.013 \\ \gamma_4 = -0.600\pm0.092 \end{cases} \tag{4-51}$$

得到临界等效裂缝长度 a_e 后，可计算等效裂缝尖端临界应力强度因子 K_{Ic}^e：

$$K_{Ic}^e=\sigma_N\sqrt{a_e}F(\alpha_e) \tag{4-52}$$

式中，$\alpha_e=a_e/D$，$F(\alpha_e)$ 由式（4-45）或式（4-46）计算。

对于等效裂缝尖端临界应力强度因子 K_{Ic}^e 的计算，Karihaloo 和 Nallathambi[38] 给出了不同于断裂力学应力强度因子手册中应力强度因子计算公式，考虑了裂缝尖端复杂三向应力状态的影响，表示如下：

$$K_{Ic}^e=\sigma_n\sqrt{a_e}Y_1\left(\frac{a_e}{D}\right)Y_2\left(\frac{a_e}{D},\frac{S}{D}\right) \tag{4-53}$$

式中，

$$Y_1\left(\frac{a}{D}\right)=A_0+A_1\left(\frac{a}{D}\right)+A_2\left(\frac{a}{D}\right)^2+A_3\left(\frac{a}{D}\right)^3+A_4\left(\frac{a}{D}\right)^4 \tag{4-54}$$

$$Y_2\left(\frac{a}{D},\frac{S}{D}\right)=B_0+B_1\left(\frac{S}{D}\right)+B_2\left(\frac{S}{D}\right)^2+B_3\left(\frac{S}{D}\right)^3+B_4\left(\frac{S}{D}\right)\left(\frac{a}{D}\right)+B_5\left(\frac{S}{D}\right)^2\left(\frac{a}{D}\right) \tag{4-55}$$

式（4-54）和式（4-55）中系数取值如表 4-1 所示。

式 **(4-54)** 和式 **(4-55)** 中系数 表 4-1

系数	0	1	2	3	4	5
A_i	3.6460	−6.7890	39.2400	−76.8200	74.3300	
B_i	0.4607	0.0484	−0.0063	0.0003	−0.0059	0.0003

4.6 允许损伤尺度准则

经典的断裂力学采用线弹性力学或弹塑性力学控制的应力场（或位移场）来分析裂缝尖端性态，无法准确描述混凝土缝端断裂过程区内的实际情况。由于在裂缝尖端附近应力分布极为复杂，且为高度应力集中区，这样就会产生不同程度的损伤。因此李庆斌等[39]根据损伤力学中的应变等价性原理，运用混凝土的静力损伤本构模型，在线弹性断裂力学的基础上，导出混凝土裂缝尖端附近的损伤场，实现了损伤与断裂的结合，并提出了新的控制裂缝扩展的断裂参数——允许损伤尺度 R_{IC}，认为当裂缝尖端损伤尺度超出其阈值后，裂缝发生失稳破坏。

以 I 型裂缝为例，如图 4-9 所示，首先对其进行静力弹性断裂分析，得到裂缝尖端应力场：

$$\begin{cases} \sigma_x=\sigma\sqrt{\dfrac{a}{2r}}\cos\dfrac{\theta}{2}\left(1-\sin\dfrac{\theta}{2}\sin\dfrac{3\theta}{2}\right) \\[2mm] \sigma_y=\sigma\sqrt{\dfrac{a}{2r}}\cos\dfrac{\theta}{2}\left(1+\sin\dfrac{\theta}{2}\sin\dfrac{3\theta}{2}\right) \\[2mm] \sigma_{xy}=\sigma\sqrt{\dfrac{a}{2r}}\cos\dfrac{\theta}{2}\sin\dfrac{\theta}{2}\cos\dfrac{3\theta}{2} \end{cases} \tag{4-56}$$

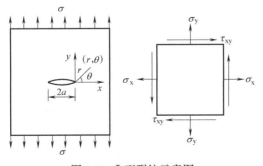

图 4-9　I 型裂纹示意图

根据损伤力学中的应变等价性假设[40]，考虑混凝土材料损伤后缝端应变场，其有效应力 σ_x^*、σ_y^* 和 τ_{xy}^* 定义为：

$$\begin{cases} \sigma_x^* = \dfrac{\sigma_x}{1-D_s} \\[2mm] \sigma_y^* = \dfrac{\sigma_y}{1-D_s} \\[2mm] \tau_{xy}^* = \dfrac{\tau_{xy}}{1-D_s} \end{cases} \tag{4-57}$$

$$\begin{cases} \sigma_x^* = \sigma\sqrt{\dfrac{a}{2r}}\cos\dfrac{\theta}{2}\left(1-\sin\dfrac{\theta}{2}\sin\dfrac{3\theta}{2}\right) \\[2mm] \sigma_y^* = \sigma\sqrt{\dfrac{a}{2r}}\cos\dfrac{\theta}{2}\left(1+\sin\dfrac{\theta}{2}\sin\dfrac{3\theta}{2}\right) \\[2mm] \tau_{xy}^* = \sigma\sqrt{\dfrac{a}{2r}}\cos\dfrac{\theta}{2}\sin\dfrac{\theta}{2}\cos\dfrac{\theta}{2} \end{cases} \tag{4-58}$$

式中，D_s 为多维静力状态下的等效损伤因子。

根据主应力与分量应力的关系，由式（4-58）可推出有效主应力满足：

$$\begin{cases} \sigma_1^* = \sigma\sqrt{\dfrac{a}{2r}}\cos\dfrac{\theta}{2}\left(1+\sin\dfrac{\theta}{2}\right) \\[2mm] \sigma_2^* = \sigma\sqrt{\dfrac{a}{2r}}\cos\dfrac{\theta}{2}\left(1-\sin\dfrac{\theta}{2}\right) \end{cases} \tag{4-59}$$

根据胡克定律，得主应变场：

$$\begin{cases} \varepsilon_1 = \dfrac{\sigma}{E}\sqrt{\dfrac{a}{2r}}\cos\dfrac{\theta}{2}\left[(1-\nu)+(1+\nu)\sin\dfrac{\theta}{2}\right] \\[2mm] \varepsilon_2 = \dfrac{\sigma}{E}\sqrt{\dfrac{a}{2r}}\cos\dfrac{\theta}{2}\left[(1-\nu)-(1+\nu)\sin\dfrac{\theta}{2}\right] \end{cases} \tag{4-60}$$

通过讨论 ε_1 和 ε_2 随 θ 的变化情况，求出损伤因子 D_s。由对称性可知，只需讨论 $0\leqslant\theta\leqslant\pi$ 的情况，由于此时 $\cos\dfrac{\theta}{2}\geqslant0$，$\sin\dfrac{\theta}{2}\geqslant0$，$\varepsilon_1\geqslant0$，因此只需按 ε_2 的正负讨论。

（1）$0\leqslant\theta\leqslant2\arcsin\dfrac{1-\nu}{1+\nu}$，得裂缝尖端附近损伤场为：

$$D_s = \left[\dfrac{\dfrac{\sigma}{E}\sqrt{\dfrac{a}{r}}\cos\dfrac{\theta}{2}\sqrt{(1-\nu)^2+(1+\nu)^2\left(\sin\dfrac{\theta}{2}\right)^2}-\varepsilon_s^0}{k}\right]^n \tag{4-61}$$

整理可得，损伤面形状表示为：

$$r = \dfrac{\sigma^2 a\left(\cos\dfrac{\theta}{2}\right)^2\left[(1-\nu)^2+(1+\nu)^2\left(\sin\dfrac{\theta}{2}\right)^2\right]}{E^2(kD_s^{1/n}+\varepsilon_s^0)^2} \tag{4-62}$$

当令上式中 $D_s=0$ 时，可得到未损伤面的 r；当令 $D_s=1$ 时，可得到完全损伤面的 r。

当 $\theta=0$ 时，将未损伤面对应的 r 记为 r_0，将完全损伤面对应的 r 记为 r_1，则有：

$$r_0=\frac{(1-\nu)^2\sigma^2 a}{E^2(\varepsilon_s^0)^2} \tag{4-63}$$

$$r_1=\frac{(1-\nu)^2\sigma^2 a}{E^2(k+\varepsilon_s^0)^2} \tag{4-64}$$

(2) $2\arcsin\dfrac{1-\nu}{1+\nu}<\theta\leqslant\pi$，得裂缝尖端附近损伤场为：

$$D_s=\left[\frac{\dfrac{\sigma}{E}\sqrt{\dfrac{a}{2r}}\cos\dfrac{\theta}{2}\left[(1-\nu)+(1+\nu)\sin\dfrac{\theta}{2}\right]-\varepsilon_s^0}{k}\right]^n \tag{4-65}$$

整理可得，损伤面形状表示为：

$$r=\frac{\sigma^2 a\left(\cos\dfrac{\theta}{2}\right)^2\left[(1-\nu)+(1+\nu)\sin\dfrac{\theta}{2}\right]^2}{2E^2(kD_s^{1/n}+\varepsilon_s^0)^2} \tag{4-66}$$

当令上式中 $D_s=0$ 时，可得到未损伤面的 r；当令 $D_s=1$ 时，可得到完全损伤面的 r。

容易证明：当 $\theta=2\arcsin\dfrac{1-\nu}{1+\nu}$ 时，r 连续。未损伤面和完全损伤面如图 4-10 所示，可以看出两者为相似曲线。

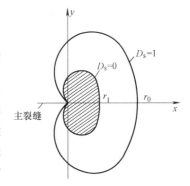

图 4-10　Ⅰ型裂缝损伤面形状

在弹塑性断裂力学[41] 中，利用塑性区尺寸对线弹性断裂力学进行修正后，可采用线弹性断裂力学对裂缝的稳定性进行判断。因此，将原始裂纹半长度 a，根据未损伤面尺寸 r_0 的大小，将其修正为 $(a+r_0)$。假设此时裂纹稳定性代表损伤断裂分析中原裂纹稳定性，并记此时对应的临界 r_0 为 R_{IC}，则有：

$$\sigma\sqrt{\pi(a+R_{IC})}=K_{IC} \tag{4-67}$$

式中，K_{IC} 为微裂纹修正后的断裂韧度[42]。

整理可得：

$$R_{IC}=\frac{K_{IC}^2}{\pi\sigma^2}-a \tag{4-68}$$

若记有荷载效应和裂纹几何形状计算出的 r_0 为 R_I，则裂纹损伤判据为：

$$R_I=\begin{cases}>R_{IC}, & \text{裂缝失稳}\\ =R_{IC}, & \text{临界状态}\\ <R_{IC}, & \text{裂缝稳定}\end{cases} \tag{4-69}$$

由此可知，允许损伤尺度与裂缝的几何尺寸 a 和所受的荷载 σ 有关。当 a 和 σ 一定时，R_{IC} 仅依赖于材料的韧度。

李庆斌等还对混凝土Ⅰ型裂缝进行了动力损伤断裂分析[39]。采用与Ⅰ型裂缝类似分析方法，进一步分析了Ⅱ型裂缝在静态荷载作用下裂缝附近的损伤场[43] 及Ⅲ型裂缝静动力荷载作用下损伤场[44]，并给出了相应的判据。田佳琳和李庆斌等[45] 采用迭代的方法研究了混凝土 I 型裂缝断裂和损伤全耦合分析，得到了裂缝尖端的损伤因子表达式和损伤区域边界范围。

4.7　边界效应模型

胡晓智等[46-49] 提出的边界效应模型指出导致混凝土断裂尺寸效应的主要原因是试件自由表面对裂缝前沿断裂过程区发展的约束作用，并认为尺寸效应是试件尺寸、裂缝长度和试件边界三者相互作用的结果，从另一个角度阐述了尺寸效应的物理意义。

图 4-11 给出了无限大板单边含短初始缝情况下的渐近准脆性断裂曲线。两条渐近线分别对应于强度准则和韧度准则；强度准则 σ_Y 为一条水平线，基于线弹性断裂力学的韧度准则 K_{IC} 为一斜率为 $-1/2$ 的斜线。a^* 为两条渐近线的交点，表示材料由脆性到韧性过渡的裂缝长度。

$$a^* = \frac{1}{\pi Y^2}\left(\frac{K_{IC}}{\sigma_Y}\right)^2 \tag{4-70}$$

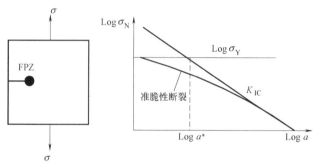

图 4-11　含短裂缝无限大板的渐近准脆性断裂曲线

对于无限大板含短初始裂缝时，Y 取 1.12。a^* 变为一种材料常数完全由断裂韧度和屈服强度决定。接近于完全的弹性或塑性的条件是 $a \gg a^*$ 或 $a \ll a^*$。因此给出了渐近函数来模拟由脆性到韧性的过渡区。

$$\sigma_f = \frac{\sigma_Y}{\sqrt{1+a/a^*}} \tag{4-71}$$

式中，σ_f 为含初始缝长 a 的失效应力。

由公式（4-70）整理可得：

$$a^* \propto \left(\frac{K_{IC}}{\sigma_Y}\right)^2 \leftrightarrow \frac{E \cdot G_F}{f_t^2} = l_{ch} \tag{4-72}$$

式中，E 为弹性模量；G_F 为断裂能；f_t 为抗拉强度；l_{ch} 为 Hillerborg 等[1] 提出的特征长度。由此可知，G_F 和 K_C 的尺寸效应均与 a^* 有关，即与 l_{ch} 有关。因此将 l_{ch} 作为缩放参数引入，则式（4-71）可写为：

$$\sigma_N = \frac{\alpha \cdot f_t}{\sqrt{1+\beta \dfrac{a}{l_{ch}}}} \tag{4-73}$$

式中，σ_N 为混凝土的名义断裂强度，被用于直接拉伸和弯曲。α 和 β 为两个无量纲常量，用来解释被测试试件的加载形式和几何形状的改变。β 中包含几何参数 $Y(a/W)$，因此对于具有相同尺寸和几何形状，但有不同裂缝长度的试件来说，β 值不为恒定常数，但对于具有相同 a/W 的几何相似试件为恒定值。

公式（4-73）表明了带短初始裂缝的混凝土材料前边界对混凝土断裂的影响。如果用韧带高度与 l_{ch} 的比值来代替，则 σ_N 尺寸效应仍不可避免，且受试件后边界的影响。公式（4-73）可以写为：

$$\sigma_N = \frac{\alpha \cdot f_t}{\sqrt{1 + \beta \dfrac{(W-a)}{l_{ch}}}} \tag{4-74}$$

分析可知，当 $(W-a)/a^*$ 比值接近于 1 或小于 1 时，韧带中会存在大面积屈服，此时弹性准则 K_{IC} 不再适用。同理，如果 $(W-a)/l_{ch}$ 的比值接近于 1 或小于 1 时，无论 a/l_{ch} 的比值是否大于 1，名义应力 σ_N 的尺寸效应不可忽略。因此，对于有限大尺寸的试件，σ_N 产生尺寸效应的原因或是由于边缘裂缝太短或者韧带长度不够长。

对于几何相似试件，虽然试件尺寸 W 变化，但是 a/W 是不变的，为常数，因此，可认为 $a = W \cdot$ 常数或 $(W-a) \cdot$ 常数，则边界效应公式可写为：

$$\sigma_N = \frac{\alpha \cdot f_t}{\sqrt{1 + \beta^* \cdot \dfrac{W}{l_{ch}}}} \tag{4-75}$$

式中，β^* 仍为几何参数。

断裂能 G_F 和断裂韧度 K_C 的尺寸效应相比于断裂强度 σ_N 更为重要。因此需要把公式（4-73），式（4-74）或式（4-75）与断裂能和断裂韧度联系。混凝土的断裂韧度 K_C 可由名义断裂强度 σ_N 确定，即

$$K_C = \sigma_N \cdot Y \cdot \sqrt{\pi a} \tag{4-76}$$

当 a/W 或 $(W-a)/W$ 比值为常数时，式（4-75）可写为：

$$K_C = \sqrt{\frac{\alpha_1 \cdot W}{1 + \beta_1 \cdot W}} \tag{4-77}$$

式中，α_1 和 β_1 为包含 f_t 和 l_{ch} 的几何材料常数。由上式可以看出，当物理尺寸 W 非常大时，尺寸效应会消失。因此，可以给出与尺寸无关的断裂韧度 K_{IC} 的表达式：

$$K_{IC} = \sqrt{\alpha_1/\beta_1} \tag{4-78}$$

$$\frac{K_C}{K_{IC}} = \sqrt{\frac{\beta_1 \cdot W}{1 + \beta_1 \cdot W}} \tag{4-79}$$

上式可用小尺寸试件的试验结果来确定无尺寸效应的断裂韧度 K_{IC}。通过式（4-80）曲线拟合可以确定 β_1 和 K_{IC}。

根据断裂能与断裂韧度的关系 $K_{IC} = \sqrt{G_F \cdot E}$，可得到与式（4-79）相似的关于断裂能 G_F 的边界效应方程：

$$\frac{G_f}{G_F} = \frac{\beta_1 \cdot W}{1 + \beta_1 \cdot W} \tag{4-80}$$

式中，$\beta_1 = \beta^* / l_{ch}$。通过式（4-80）曲线拟合可以确定 β_1 和 G_F。

随后，胡晓智等[50] 对复合材料的断裂能和断裂韧度进行了进一步的渐近分析研究。

图 4-12 给出了裂缝扩展过程中尖端断裂过程区或损伤区及其对应的应力状态[50]。断裂过程区可以认为由两个区域组成，一个为内部应变软化区（W_{sf}）和一个外部微裂隙带（W_f）。内部应变软化区包含沿骨料与砂浆界面的相互连通的裂缝以及砂浆骨料内部连通裂缝和缺陷。内部应变软化区内为一条主裂缝和几条分裂缝，控制着 $\sigma_b - w$ 的关系。外微裂隙带内存在不相互连通的微裂缝，对混凝土的软化没有太大影响，在外微裂隙区消耗的断裂能量也较小。断裂能可表示为：

$$G_F = \int_0^{w_c} \sigma_b \mathrm{d}w \tag{4-81}$$

式中，w_c 为临界裂缝张开位移。W_{sf} 和 W_f 将根据裂纹尖端应力场的变化而变化，临界裂缝张开口 w_c 也将会变化。当断裂过程区接近试件边界时，这一变化更加明显，由于韧带高度和高梯度应力场限制了内外区的发展。当 w_c 较小时会得到一个较小的能量 G_f，可以看出 G_f 是随位置变化的。胡晓智等[51] 首先提出局部断裂能的概念，认为局部断裂能 g_f 随断裂过程区宽度变化而变化，它只与沿裂纹扩展路径上特定位置的 $\sigma_b - w$ 有关。图 4-13 给出了局部断裂能在韧带上的双线性分布。

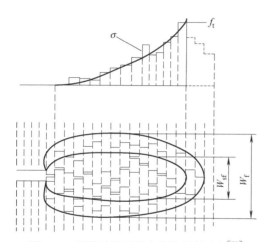

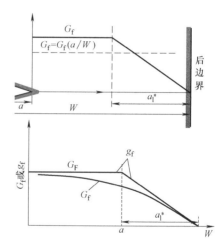

图 4-12　裂缝扩展过程中尖端断裂过程[51]　　　　图 4-13　局部断裂能分布及其对应的应力状态[50]

图中 a_1^* 为临界过渡韧带长度，表明后边界对断裂性能的影响。对于任一初始韧带尺寸大于临界过渡韧带长度的试件，随着外荷载增加，断裂过程区逐渐发展，当裂缝尖端到试件后边界的距离 $W - a$ 小于临界过渡韧带长度 a_1^* 时，后边界将约束断裂过程区的发展，局部断裂能减小；相反，当裂缝尖端到试件后边界的距离 $W - a$ 大于临界过渡韧带长度 a_1^* 时，断裂过程区充分发展，局部断裂能表现与尺寸无关。断裂能可表示为：

$$G_F = \frac{1}{W - a} \int_0^{W-a} g_f(x) \mathrm{d}x \tag{4-82}$$

式中，a 为初始裂缝长度。如果 $(W - a) \gg a_1^*$，则可得到 G_F 为恒定常数。小尺寸试件中得到的 G_f 是受试件尺寸或韧带高度影响的。基于双线性分布可得到：

$$\frac{G_f}{G_F}=\begin{cases} 1-\dfrac{1}{2}\dfrac{a_1^*}{W-a} & W-a>a_1^* \\[3mm] \dfrac{1}{2}\dfrac{W-a}{a_1^*} & W-a<a_1^* \end{cases} \tag{4-83}$$

由上式可知，当$(W-a)/a_1^*\gg1$时，G_f接近于无尺寸效应的G_F。该方程适用于具有相同试件尺寸，但α值可不同的试件分析。断裂能G_F及临界过渡韧带长度可以从不同缝高比试件的断裂能试验获得，利用上式也可从实验室尺寸试样的断裂能量数据中估算出无尺寸效应的断裂能G_F。

之后通过试验观察金属间薄聚合胶粘剂断裂韧度的厚度效应验证了断裂过程区高度对混凝土断裂能的影响[52]。基于以上研究，图4-14给出了含有初始短裂缝板单向受拉时应力分布[53]，两种名义应力大小取决于是否考虑短裂缝。对于无限大板含有初始短裂缝时，裂缝可以被忽略，此时存在：

$$\sigma_n=\sigma_N=\frac{f_t}{\sqrt{1+\dfrac{a}{a_\infty^*}}} \tag{4-84}$$

$$a_\infty^*=\frac{1}{\pi Y^2}\left(\frac{K_{IC}}{\sigma_Y}\right)^2=0.25\left(\frac{K_{IC}}{\sigma_Y}\right)^2 \tag{4-85}$$

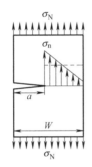

图4-14　含初始短裂缝板单向受拉应力分布

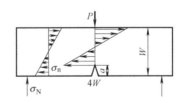

图4-15　混凝土三点弯曲梁受力情况

三点弯曲梁作为研究尺寸效应最为常用的试件形式，图4-15给出了混凝土三点弯曲梁受力情况[50]，由于尺寸有限，初始裂缝不能被忽略，此时$\sigma_n\neq\sigma_N$，但存在如下关系：

$$\sigma_N=A(\alpha)\cdot\sigma_n=(1-\alpha)^2\sigma_n \tag{4-86}$$

$$A(\alpha)=(1-\alpha)^2 \tag{4-87}$$

当采用线弹性断裂准则时，名义应力σ_N与K_{IC}关系为：

$$K_{IC}=\sigma_N\cdot Y(\alpha)\cdot\sqrt{\pi\cdot a} \tag{4-88}$$

整理得到σ_n的表达式为：

$$\frac{K_{IC}}{A(\alpha)\cdot Y(\alpha)\cdot\sqrt{\pi\cdot a}}=\frac{f_t}{\sqrt{\dfrac{\left(\dfrac{A(\alpha)\cdot Y(\alpha)}{1.12}\right)^2\cdot a}{\dfrac{1}{\pi\cdot(1.12)^2}\left(\dfrac{K_{IC}}{f_t}\right)^2}}}=\frac{f_t}{\sqrt{\dfrac{B(\alpha)\cdot a}{a_\infty^*}}}=\frac{f_t}{\sqrt{\dfrac{a_e}{a_\infty^*}}} \tag{4-89}$$

其中，

$$a_e = B(\alpha) \cdot a = \left[\frac{(1-\alpha)^2 \cdot Y(\alpha)}{1.12}\right]^2 \cdot a \tag{4-90}$$

$$B(\alpha) = \left[\frac{A(\alpha) \cdot Y(\alpha)}{1.12}\right]^2 = \left[\frac{(1-\alpha)^2 \cdot Y(\alpha)}{1.12}\right]^2 \tag{4-91}$$

式中，$Y(\alpha)$ 为几何形状参数[54]。

公式（4-89）仅适用于线弹性断裂力学的韧度准则 K_{IC} 或者 $a_e/a_\infty^* \gg 1$，因此对于小尺寸试件的准脆性断裂可以表示为：

$$\sigma_n = \frac{f_t}{\sqrt{\dfrac{a_e}{a_\infty^*}}} \tag{4-92}$$

基于以上边界效应的理论基础，胡晓智等分别提出了由三点弯曲梁断裂试验确定混凝土[55] 和岩石[56] 的抗拉强度与断裂韧度的方法。

4.8　双 K 模型

徐世烺等[57] 提出了混凝土裂缝断裂的双 K 模型，该模型以应力强度因子准则为基础，可用于判别混凝土裂缝起裂、稳定扩展和失稳扩展三个不同状态。

判别裂缝起裂与失稳的双 K 准则如下[58]：

$K < K_{IC}^{ini}$：裂缝不扩展；

$K = K_{IC}^{ini}$：裂缝初始起裂；

$K_{IC}^{ini} < K < K_{IC}^{un}$：裂缝稳定扩展；

$K = K_{IC}^{un}$：裂缝处于临界失稳状态；

$K > K_{IC}^{un}$：裂缝失稳扩展。

其中，K_{IC}^{ini}——混凝土的起裂韧度；

$\qquad K_{IC}^{un}$——混凝土的失稳断裂韧度。

徐世烺等以三点弯曲梁为例介绍双 K 模型确定断裂参数计算方法[59]。确定混凝土双 K 断裂参数有直接测试法和理论计算方法。直接测试法中将起裂荷载 P_{ini} 和初始裂缝长度 a_0，以及峰值荷载 P_{max} 和临界有效裂缝长度 a_c 代入线弹性断裂力学公式中便可求出起裂韧度和失稳韧度。

确定起裂荷载的方法有电阻应变片法、光弹贴片法、声发射、激光散斑法、扫描电镜法等。此外，混凝土裂缝尖端断裂过程区的出现导致 P-$CMOD$ 曲线上升段呈现非线性，因此可认为曲线线性段与非线性段的转折点对应的荷载为起裂荷载 P_{ini}。赵国藩[60] 给出了利用光弹贴片法确定起裂荷载的方法。通过假定混凝土的极限拉伸应变值后，利用应力光学第一定律确定试件开裂时贴片上对应的条纹基数值，最终通过对照不同荷载等级下的光弹照片确定裂缝开始起裂时对应的起裂荷载 P_{ini}。赵志方[61] 在裂缝尖端布置电阻应变片测定起裂荷载 P_{ini}。随着荷载的增加缝端应变片的应变值基本呈线性增长至极值，之后开始回缩，该点表明有裂缝出现，此时对应的荷载即为起裂荷载 P_{ini}。

对于三点弯曲梁,如图 4-16 所示,将起裂荷载 P_{ini} 和初始裂缝长度 a_0 代入线弹性应力强度因子计算公式确定起裂韧度 K_{IC}^{ini}。

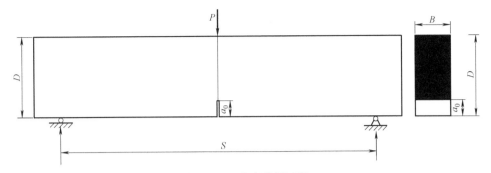

图 4-16 三点弯曲梁试件

$$K_{IC}^{ini} = \frac{3P_{ini}S}{2D^2B}\sqrt{a_0}\,F_2\left(\frac{a_0}{D}\right) \tag{4-93}$$

$$F_2\left(\frac{a_0}{D}\right) = \frac{1.99 - \left(\frac{a_0}{D}\right)\left(1 - \frac{a_0}{D}\right)\left[2.15 - 3.93\frac{a_0}{D} + 2.7\left(\frac{a_0}{D}\right)^2\right]}{\left(1 + 2\frac{a_0}{D}\right)\left(1 - \frac{a_0}{D}\right)^{3/2}} \tag{4-94}$$

式中,S 为试件跨度;D 为试件高度;B 为试件厚度。

由应力强度因子手册[26] 中给出的 P-$CMOD$ 关系可以确定弹性模量 E。公式如下:

$$CMOD = \frac{24Pa}{BDE}V_2(a/D) \tag{4-95}$$

$$V_2(a/D) = 0.76 - 2.28a/D + 3.87(a/D)^2 - 2.04(a/D)^3 + \frac{0.66}{(1 - a/D)^2} \tag{4-96}$$

在 P-$CMOD$ 曲线起始线性段上任取三点代入上式,求得弹性模量,取平均值得到该试件的弹性模量 E。

将试验得到的峰值荷载 P_{max} 和对应的临界裂缝口张开位移 $CMOD_c$ 以及求得的弹性模量 E 代入式(4-95)可求得临界等效裂缝长度 a_c。将峰值荷载 P_{max} 和临界等效裂缝长度 a_c 代入式(4-93)可求得失稳韧度 K_{IC}^{un}。

确定混凝土双 K 断裂参数的理论计算方法中,图 4-17 给出了断裂韧度叠加计算方法,可以得到裂缝尖端应力强度因子计算式为:

$$K = K^P + K^c \tag{4-97}$$

式中,K^P 为外荷载 P 在裂缝尖端产生的应力强度因子,通过线弹性断裂

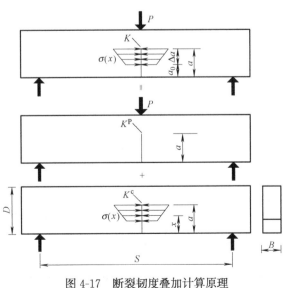

图 4-17 断裂韧度叠加计算原理

力学公式计算得到；K^c 为黏聚力在裂缝尖端产生的应力强度因子。

图 4-18 中，在沿裂缝扩展 Δa 长度范围内分布着非均匀闭合力由下式表示：

$$\sigma(x) = \sigma_s(CTOD_c) + \frac{x - a_0}{a - a_0}[f_t - \sigma_s(CTOD_c)] \tag{4-98}$$

进一步写成：

$$\sigma\left(\frac{x}{a}\right) = \sigma_s(CTOD_c) + \frac{\dfrac{x}{a} - \dfrac{a_0}{a}}{1 - \dfrac{a_0}{a}}[f_t - \sigma_s(CTOD_c)] \tag{4-99}$$

$\sigma_s(CTOD_c)$ 为裂缝尖端张开位移达到临界值 $CTOD_c$ 时该点的黏聚力。可通过 Reinhardt 等[4] 提出的非线性软化关系式来表示，令 $\omega = CTOD_c$。

$$\frac{\sigma}{f_t} = \left[\left(1 + \frac{c_1^3}{w_0^3}w^3\right)e^{-\frac{c_2}{w_0}w} - \frac{(1 + c_1^3)e^{-c_2}}{w_0}w\right] \tag{4-100}$$

式中，c_1 和 c_2 为材料常数；ω_0 为最大裂缝张开位移。采取 Petersson[62] 提出的双线性软化曲线可更为简单地计算临界裂缝尖端张开位移 $CTOD_c$ 的值。

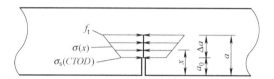

图 4-18 黏聚软化应力分布图

求解峰值荷载时刻黏聚力产生的应力强度因子 K_I^c，表示如下：

$$K_I^c = -\int_{a_0}^{a_c} \frac{2\sigma\left(\dfrac{x}{a_c}\right)}{\sqrt{\pi a_c}} F_1\left(\frac{x}{a_c}, \frac{a_c}{D}\right) dx \tag{4-101}$$

$$
\begin{aligned}
F_1\left(\frac{x}{a_c}, \frac{a_c}{D}\right) = {} & \frac{3.52\left(1 - \dfrac{x}{a_c}\right)}{\left(1 - \dfrac{a_c}{D}\right)^{3/2}} - \frac{4.35 - 5.28\dfrac{x}{a_c}}{\left(1 - \dfrac{a_c}{D}\right)^{1/2}} \\
& + \left\{\frac{1.30 - 0.30\left(\dfrac{x}{a_c}\right)^{3/2}}{\left[1 - \left(\dfrac{x}{a_c}\right)^2\right]^{1/2}} + 0.83 - 1.76\frac{x}{a_c}\right\}\left[1 - \left(1 - \frac{x}{a_c}\right)\frac{a_c}{D}\right]
\end{aligned} \tag{4-102}
$$

由式（4-95）确定临界有效裂缝长度 a_c 和式（4-20）确定临界裂缝尖端张开位移 $CTOD_c$，进而计算 K_I^c。由于公式（4-101）积分上限奇异，需要采用高斯-切比雪夫积分方法求解。

失稳断裂韧度和起裂断裂韧度是相互联系的，差值为黏聚力在虚拟裂缝 Δa_c 上作用的结果。因此，认为起裂韧度 K_{IC}^{ini}、失稳韧度 K_{IC}^{un} 和黏聚韧度 K_{IC}^c 之间关系为：

$$K_{IC}^{ini} = K_{IC}^{un} + K_{IC}^c \tag{4-103}$$

最终，由式（4-101）通过积分计算得到的黏聚韧度和将峰值荷载 P_{max}、临界有效缝

长 a_c 代入式（4-93）计算得到的失稳韧度可反算得到起裂断裂韧度。

由于利用 $P\text{-}CMOD$ 曲线确定临界有效缝长 a_c 的公式中存在关于 α 的六次幂的函数，需要借助二分法求解。因此徐世烺等[63] 参照 Murakami[64] 给出的计算裂缝口张开位移 $CMOD$ 的经验公式提出了一个更为简单的表达式：

$$CMOD = \frac{P}{BE}\left[3.70 + 32.60\tan^2\left(\frac{\pi}{2}\alpha\right)\right] \tag{4-104}$$

当考虑刀口厚度时，可计算得到等效裂缝长度：

$$a = \frac{2}{\pi}(D+H_0)\arctan\sqrt{\frac{BEC}{32.6}-0.1135}-H_0 \tag{4-105}$$

式中，$C = CMOD/P$ 为柔度。当柔度值已知时可以确定任意加载阶段等效裂缝长度 a_i。

利用积分法求解黏聚力产生的应力强度因子时，需要用到数值积分方法。为简化计算过程，徐世烺[63] 提出将黏聚应力用合力 P_e 代替。考虑到两者引起的应力强度因子不同引入矫正函数，最终得到简化的计算三点弯曲梁 K_{Ic}^c 的经验公式。

此外，Kumar 和 Barai[65,66] 通过逼近 Tada 给出的格林函数，确定了沿裂缝面作用一对集中力的单边切口有限宽板的权函数。基于权函数基本形式可得到断裂过程区上黏聚力在裂缝尖端产生的应力强度因子表达式：

$$K_{Ic}^c = \frac{2}{\sqrt{2\pi a}}g(a_c) \tag{4-106}$$

$$\begin{aligned}
g(a_c) = & A_1 a_c\left(2s^{1/2} + M_1 s + \frac{2}{3}M_2 s^{3/2} + \frac{1}{2}M_3 s^2\right) \\
& + A_2 a_c^2\left\{\frac{4}{3}s^{3/2} + \frac{M_1}{2}s^2 + \frac{4}{15}M_2 s^{5/2} + \frac{M_3}{6}\left[1-\left(\frac{a_0}{a}\right)^3 - 3s\frac{a_0}{a_c}\right]\right\}
\end{aligned} \tag{4-107}$$

式中，$A_1 = \sigma_s(CTOD_c)$；$A_2 = \dfrac{f_t'(T)-\sigma_s(CTOD_c)}{a_c-a_0}$；$s = 1-a_0/a_c$，由最小二乘拟合的系数 M_1、M_2 和 M_3 写为：

$$i=1 \text{ 或 } 3 \text{ 时，} M_i = \frac{1}{(1-\alpha)^{3/2}}(a_i + b_i\alpha + c_i\alpha^2 + d_i\alpha^3 + e_i\alpha^4 + f_i\alpha^5) \tag{4-108}$$

$$i=2 \text{ 时，} M_i = a_i + b_i\alpha \tag{4-109}$$

四项权函数参数 M_1、M_2 和 M_3 中系数取值分别列于表 4-2。

四项权函数参数 M_1、M_2 和 M_3 中系数取值　　　　　　　　表 4-2

i	a_i	b_i	c_i	d_i	e_i	f_i
1	0.057201	-0.87416	4.046567	-7.89442	7.85497	-3.18832
2	0.493546	4.436494				
3	0.340417	-3.95341	16.19039	-16.0959	14.63025	-6.13065

为使计算更精确，也可采用五项权函数方法。

徐世烺等采用三点弯曲梁试件、紧凑拉伸试件和楔入劈拉试件[67] 分别确定了混凝土的双 K 断裂参数，并进一步对混凝土的双 K 断裂参数的影响因素进行了深入研究[68]。由于双 K 模型的测试与参数计算方法较为简便，已被列入我国首个混凝土断裂试验规程

《水工混凝土断裂试验规程》DLT 5332—2005[69]。该规程规定了混凝土断裂韧度试验的标准测试方法。徐世烺等[70] 还研究了水压作用下的混凝土双 K 参数测试方法。

以双 K 模型的基本假定为基础，赵艳华[71] 提出以能量型参数对混凝土断裂过程进行判定。在建立混凝土断裂能量判据模型时，同样考虑裂缝前端的断裂过程区所带来的材料非线性断裂特性，故也以线性渐进叠加假定作为基本前提。其提出的双 G 模型与双 K 模型相类似，但采用不同的角度，引进两个以能量释放率为特征的判定参数，即初始断裂韧度 G_{IC}^{ini} 和失稳断裂韧度 G_{IC}^{un} 作为两个起裂和失稳的分界点，根据裂缝尖端能量释放率 G 与两个参数的大小关系来判定裂缝所处的状态：

$G < G_{IC}^{ini}$：裂缝不扩展；

$G = G_{IC}^{ini}$：裂缝初始起裂；

$G_{IC}^{ini} < G < G_{IC}^{un}$：裂缝稳定扩展；

$G = G_{IC}^{un}$：裂缝处于临界失稳状态；

$G > G_{IC}^{un}$：裂缝失稳扩展。

参考文献

［1］Hillerborg A，Modeer M，Petersson P E. Analysis of crack formation crack growth in concrete by means of fracture mechanics and finite elements. Cement and Concrete Research. 1976，6（6）：773-782.

［2］陈瑛，姜弘道，乔丕忠，等. 混凝土黏聚开裂模型若干进展. 力学进展，2005，35（3）：377-390.

［3］Elices M，Rocco C，Rosello C. Cohesive crack modelling of a simple concrete. Engineering Fracture Mechanics，2009，76：1398-1410.

［4］Reinhardt H W，Cornelissen H A W，Hordijk D A. Tensile tests and failure analysis of concrete. Journal of Structural Engineering，1986，112（11）：2462-2477.

［5］Sorensen B F，Jacobsen T K. Determination of cohesive laws by the J integral approach. Engineering Fracture Mechanics，2007，70（14）：1841-1858.

［6］Fett T，Munz D，Geraghty R D，et al. Bridging stress determination by evaluation of the R-curve. Journal of the European Ceramic Society，2002，（20）：2143-2148.

［7］Hu X Z，Mai Y W. Crack-bridging analysis for alumina ceramics under monotonic and cyclic loading. Journal of the American Ceramic Society，1992，（75）：845-853.

［8］张君，刘骞. 基于三点弯曲实验的混凝土抗拉软化关系的求解方法. 硅酸盐学报，2007，35（3）：268-274.

［9］Cedolin L，Poli S D，Iori I. Tensile behavior of concrete. Journal of Engineering Mechanics，1987，113（3）：431-449.

［10］CEB-Comite Euro-International du Beton. CEB-FIP Model Code 1990. London：Thomas Telford House，1993.

［11］Roelfstra P E，Wittmann F H. Numerical method to link strain softening with failure of concrete. Fracture Toughness and Fracture Energy of Concrete. 1986：163-175.

［12］Petersson P E. Crack Growth and Development of Fracture Zones in Plain Concrete and Similar Materials. Report Tvbm，1981.

［13］Wittmann F H，Rokugo K，Brühwiler E，et al. Fracture energy and strain softening of concrete as determined by means of compact tension specimens. Materials and Structures，1988，21（1）：21-32.

［14］ Liaw B M，Jeang F L，Du J J，et al. Improved nonlinear model for concrete fracture. Journal of Engineering Mechanics，1990，116（2）：429-445.

［15］ Gopalaratnam V S，Shah S P. Softening response of plain concrete in direct tension. ACI Journal，1985. 310-323.

［16］ Karihaloo B L. Fracture mechanics and structural concrete. Cement and Concrete Research，1996，77（1）：R19.

［17］ Planas J，Elices M. Fracture criteria for concrete：Mathematical approximations and experimental validation. Engineering Fracture Mechanics，1990，35（1）：87-94.

［18］ Elices M，Guinea G V，Gomez J，et al. The cohesive zone model：advantages，limitations and challenges. Engineering Fracture Mechanics，2002，69（2）：137-163.

［19］ 朱万成，唐春安，赵启林，等. 混凝土断裂过程的力学模型与数值模拟. 力学进展，2002，132（4）：579-598.

［20］ Rashid Y R. Ultimate strength analysis of prestressed concrete pressure vessels Nuclear Engineering and Design，1968，7（4）：334-344.

［21］ Baiant Z P，Cedolin L. Finite element modeling of crack band propagation. Journal of Structural Engineering，1983，109（1）：69-92.

［22］ Bažant Z P，Cedolin L. Fracture mechanics of reinforced concrete. Journal of Engineering Mechanics Division，ASCE，1980，106（6）：1287-1306.

［23］ Cedolin L，Bažant Z P. Effect of finite element choice in blunt crack band analysis. Computer Methods in Applied Mechanics and Engineering，1980，24（3）：305-316.

［24］ Bažant Z P，Oh B H. Crack band theory for fracture of concrete. Materials and Structures，1983，16（3）：155-177.

［25］ Jenq Y，Shah S P. Two parameter fracture model for concrete. Journal of Engineering Mechanics，1985，111（10）：1227-1241.

［26］ Tada H，Paris P C，Irwin G R. The stress analysis of cracks. Handbook，Del Research Corporation，1973.

［27］ Wells A A. Application of fracture mechanics and at beyond general yielding. British Welding Journal，1963，10（10）：563-570.

［28］ GB/T 2358—1994，金属材料裂纹尖端张开位移试验方法.

［29］ ASTM E 1290-93. Standard test method for crack-tip opening displacement（CTOD）fracture toughness measurement. Annual Book of ASTM Standards，1993.

［30］ Bažant Z P. Size effect in blunt fracture：concrete，rock，metal. Journal of Engineering Mechanics，1984，110（4）：518-535.

［31］ Bažant Z P，Oh B H. Rock Fracture via Stress Strain Relations. Report No. 82-ll/665r，Center for Concrete and Geomaterials，Northwestern University，Evanston，111，Nov，1982.

［32］ Zdeněk P，Bažant Z P. Fracture energy of heterogeneous materials and similitude. Fracture of Concrete and Rock. Springer New York，1989：229-241.

［33］ Shah S P. Size-effect method for determining fracture energy and process zone size of concrete. Materials and Structures，1990，23（6）：461-465.

［34］ Bažant Z P. Scaling of quasi-brittle fracture：asymptotic analysis. International Journal of Fracture，1997，83（83）：19-40.

［35］ Bažant Z P，Kazemi M T. Determination of fracture energy，process zone length and brittleness number from size effect，with application to rock and concrete. International Journal of fracture，1990，44

（2）：111-131.

［36］Zdeněk P，Bažant Z P，Milan Jirásek. R-curve modeling of rate and size effects in quasi-brittle fracture. International Journal of Fracture，1993，62（4）：355-373.

［37］Karihaloo B L，Nallathambi P. Effective crack model for the determination of fracture toughness （K_{Ic}^{e}）of concrete. Engineering Fracture Mechanics，1990，35（1-3）：608-608.

［38］Nallathambi P，Karihaloo B L. Determination of specimen-size independent fracture toughness of plain concrete. Magazine of Concrete Research，1986，38（135）：67-76.

［39］李庆斌，张楚汉. 混凝土Ⅰ型裂缝动静力损伤断裂分析. 土木工程学报，1993，12（6）：20-27.

［40］谢和平. 岩石、混凝土损伤力学. 北京：中国矿业大学出版社，1990.

［41］黄克智. 弹塑性断裂力学. 北京：清华大学出版社，1985.

［42］徐世烺，赵国藩，黄永适，等. 混凝土大型试件断裂能 G_F 及缝端应变场. 水利学报，1991（11）：17-25.

［43］李庆斌，王光纶. 混凝土Ⅱ型裂缝的损伤断裂分析. 全国结构工程学术会议，1994.

［44］李庆斌，王光纶，张楚汉，等. 混凝土Ⅲ型裂缝动静力损伤断裂分析. 工程力学，1995，12（3）：1-6.

［45］田佳琳，李庆斌. 混凝土Ⅰ型裂缝的静力断裂损伤耦合分析. 水利学报，2007，38（2）：205-210.

［46］Hu X Z，Wittmann F H. Size effect on toughness induced by crack close to free surface. Engineering Fracture Mechanics，2000，65（2-3）：209-221.

［47］Hu X Z. An asymptotic approach to size effect on fracture toughness and fracture energy of composites. Engineering Fracture Mechanics，2002，69（5）：555-564.

［48］Hu X Z，Duan K. Size effect：Influence of proximity of fracture process zone to specimen boundary. Engineering Fracture Mechanics，2007，74：1093-1100.

［49］Hu X Z，Duan K. Size effect and quasi-brittle fracture：The role of FPZ. International Journal of Fracture，2008，154：3-14.

［50］Duan K，Hu X Z，Wittmann F H. Boundary effect on concrete fracture and non-constant fracture energy distribution. Engineering Fracture Mechanics，2003，70（16）：2257-2268.

［51］Hu X Z，Wittmann F H. Fracture energy and fracture process zone. Materials and Structures. 1992，25（6）：319-326.

［52］Hu X Z，Duan K. Influence of fracture process zone height on fracture energy of concrete. Cement and Concrete Research，2004，34（8）：1321-1330.

［53］Hu X Z，Duan K. Size effect：Influence of proximity of fracture process zone to specimen boundary. Engineering Fracture Mechanics，2007，74（7）：1093-1100.

［54］ASTM E399-90. Standard test method for plane-strain fracture toughness testing of high strength metallic materials. Philadelphia：American Society of Testing and Materials，1990.

［55］Wang Y S，Hu X Z，Liang L，et al. Determination of tensile strength and fracture toughness of concrete using notched 3-p-b specimens. Engineering Fracture Mechanics，2016，160：67-77.

［56］Wang Y S，Hu X Z. Determination of tensile strength and fracture toughness of granite using notched three-point-bend samples. Rock Mechanics and Rock Engineering，2017，50（1）：1-12.

［57］Xu S L，Reinhardt H W. Determination of double-K criterion for crack propagation in quasi-brittle materials：Part I-Experimental investigation of crack propagation. International Journal of Fracture，1999，98：111-149.

［58］徐世烺，吴智敏，丁生根. 混凝土双 K 断裂参数的实用解析方法. 工程力学，2003，20（3）：54-61.

［59］Xu S L，Reinhardt H W. Determination of double-K criterion for crack propagation in quasi-brittle fracture，Part Ⅱ：Analytical evaluating and practical measuring methods for three-point bending notched beams. International Journal of Fracture，1999，98（2）：151-177.

［60］赵国藩. 光弹性贴片法研究混凝土裂缝扩展过程. 水力发电学报，1991（3）：8-18.

［61］赵志方. 基于裂缝黏聚力的大坝混凝土断裂特性研究［清华大学博士后研究出站报告］. 北京：清华大学，2004.

［62］Petersson P E. Crack growth and development of fracture zones in plain concrete and similar materials. Report TVBM-1006. Lund：Lund Institute of Technology，1981.

［63］Xu S L，Reinhardt H W. A simplified method for determining double-K fracture parameters for three-point bending tests. International Journal of Fracture，2000，104（2）：181-209.

［64］Murakami Y. Stress intensity factors handbook. Soc. Mater. Sci. Japan，1986，60（4）：1063.

［65］Kumar S，Barai S V. Determining the double-K fracture parameters for three-point bending notched concrete beams using weight function. Fatigue and Fracture of Engineering Materials and Structures，2010，33（10）：645-660.

［66］Kumar S，Barai S V. Determining double-K fracture parameters of concrete for compact tension and wedge splitting tests using weight function. Engineering Fracture Mechanics，2009，76：935-948.

［67］Xu S L，Reinhardt H W. Determination of double-K，criterion for crack propagation in quasi-brittle fracture，Part Ⅲ：Compact tension specimens and wedge splitting specimens. International Journal of Fracture，1999，98（2）：179-193.

［68］徐世烺，周厚贵，赵洪波，等. 各种级配大坝混凝土双 K 断裂参数试验研究-兼对《水工混凝土断裂试验规程》制定的建议. 土木工程学报，2006，39（11）：50-62.

［69］DLT 5332—2005，水工混凝土断裂试验规程.

［70］徐世烺，王建敏. 水压作用下大坝混凝土裂缝扩展与双 K 断裂参数. 土木工程学报，2009，42（2）：119-125.

［71］赵艳华. 混凝土断裂过程中的能量分析研究［博士学位论文］. 大连：大连理工大学，2002.

第5章 基于黏聚裂缝的混凝土断裂过程区理论特性

黏聚裂缝模型将断裂过程区视为能传递应力的假想裂缝，断裂过程区黏聚力与裂缝张开位移满足混凝土黏聚曲线（拉伸软化曲线）[1]。扩展准则可采用强度准则或韧度准则。在黏聚裂缝模型中，由于断裂过程区的求解控制方程为非线性奇异积分方程，通常采用数值方法进行求解。本章基于黏聚裂缝概念，分别对无限大板中心拉伸裂缝模型及有限尺寸的三点弯曲梁断裂过程区理论特性进行研究。

5.1 Paris 位移公式

参照 3.3 节，含裂缝的单位厚度板受外力 P 的作用，如图 5-1 所示。假想沿裂缝面上 D_1、D_2 连线方向引入一对虚力 F，Paris 根据线弹性断裂力学原理，推得裂纹面上下两点 D_1、D_2 沿其连线方向的相对位移[2]：

$$\delta = \frac{2}{E'} \int_0^a K_{\mathrm{I}}^{\mathrm{P}} \frac{\partial K_{\mathrm{IF}}}{\partial F} \mathrm{d}a \tag{5-1}$$

其中，对于平面应力问题，$E' = E$，平面应变问题，$E' = E/(1-\nu^2)$，E 为弹性模量，ν 为泊松比。$K_{\mathrm{I}}^{\mathrm{P}}$、$K_{\mathrm{IF}}$ 分别代表力 P 和力 F 引起的应力强度因子。式（5-1）也称为 Paris 位移公式。

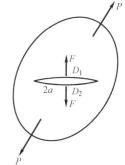

图 5-1 虚力对和相对位移

5.2 无限大板中心拉伸裂缝模型

以无限大板中心拉伸裂缝模型为例，如图 5-2 所示，无限大板存在一长为 $2a$ 的中心裂缝，板的远端承受大小为 σ 的均匀拉伸应力。引入虚拟裂缝模型后，裂缝长度为 $2c$，缝端分布着非均匀的虚拟力。

模型的基本假设条件如下：①基体为线弹性体，弹性模量和泊松比分别为 E、ν；②虚拟裂缝尖端应力为有限值；③虚拟裂缝区的黏聚力和张开位移满足拉伸软化本构关系。

根据 Paris 位移公式[3]，无限远处均匀应力 σ 产生的张开位移为：

$$\delta_1(x) = \frac{4\sigma_0}{E'} \sqrt{c^2 - x^2} \tag{5-2}$$

分布力引起的张开位移为：

$$\delta_2(x) = -\frac{8}{\pi E'} \int_x^c \frac{\xi}{\sqrt{\xi^2 - x^2}} \mathrm{d}\xi \int_a^\xi \frac{\sigma\left[\delta(b)\right]}{\sqrt{\xi^2 - b^2}} \mathrm{d}b \tag{5-3}$$

两者相加可得虚拟裂缝区位移控制方程：

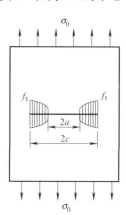

图 5-2 无限大板中心拉伸裂缝模型

$$\delta(x) = \frac{4\sigma_0}{E'}\sqrt{c^2 - x^2} - \frac{8}{\pi E'}\int_x^c \frac{\xi}{\sqrt{\xi^2 - x^2}}\mathrm{d}\xi\int_a^\xi \frac{\sigma[\delta(b)]}{\sqrt{\xi^2 - b^2}}\mathrm{d}b \qquad (5\text{-}4)$$

式中，$\sigma = \sigma[\delta(x)]$ 代表拉伸软化曲线。

由基本假设②，可得出求解位移控制方程（5-4）的边界条件：

$$\sigma_0\sqrt{\pi c} - \frac{2c}{\sqrt{\pi c}}\int_a^c \frac{\sigma[\delta(b)]}{\sqrt{c^2 - b^2}}\mathrm{d}b = 0 \qquad (5\text{-}5)$$

5.3 基于线性软化曲线的无限大板断裂过程区理论特性

5.3.1 求解方法

现讨论基于如图 5-3 所示的线性软化曲线的断裂过程区特性，其表达式为：

$$\sigma(w) = f_t\left(1 - \frac{w}{w_0}\right) \qquad (5\text{-}6)$$

式中，f_t 为抗拉强度；w_0 为最大裂缝张开度。

为得到裂缝扩展任意时刻虚拟裂缝上的位移分布、黏聚力分布，现将过程区裂缝张开位移采用多项式形式表示：

$$\delta(x) = \sum_{i=1}^n \lambda_i w_a\left(\frac{x-c}{a-c}\right)^i \qquad (5\text{-}7)$$

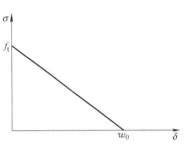

图 5-3 混凝土拉伸软化曲线

可得虚拟裂缝区上的黏聚力为：

$$\sigma(x) = f_t\left[1 - \frac{w_a}{w_0}\sum_{i=1}^n \lambda_i\left(\frac{x-c}{a-c}\right)^i\right]$$

$$= f_t\left[1 - \sum_{i=1}^n m_i\left(\frac{x-c}{a-c}\right)^i\right] \qquad (5\text{-}8)$$

式中，$m_i = \lambda_i w_a/w_0$，将式（5-8）代入边界条件式（5-5）可得：

$$\sigma_0 = \frac{2}{\pi}\int_a^c \frac{f_t\left[1 - \sum\limits_{i=1}^n m_i\left(\frac{b-c}{a-c}\right)^i\right]}{\sqrt{c^2 - b^2}}\mathrm{d}b \qquad (5\text{-}9)$$

将式（5-8）代入位移方程（5-4），可得：

$$\delta(x) = \frac{4\sigma_0}{E'}\sqrt{c^2 - x^2} - \frac{8}{\pi E'}\int_x^c \frac{\xi}{\sqrt{\xi^2 - x^2}}\mathrm{d}\xi\int_a^\xi \frac{f_t\left[1 - \sum\limits_{i=1}^n m_i\left(\frac{b-c}{a-c}\right)^i\right]}{\sqrt{\xi^2 - b^2}}\mathrm{d}b \qquad (5\text{-}10)$$

将式（5-7）、式（5-9）代入式（5-10），可得：

$$\sum_{i=1}^n m_i\left[w_a f_1 + \frac{8 f_t}{\pi E'}f_2 - \frac{8 f_t}{\pi E'}f_3\right] = \frac{8 f_t}{\pi E'}(f_4 - f_5) \qquad (5\text{-}11)$$

其中：

$$f_1 = \left(\frac{x-c}{a-c}\right)^i$$

$$f_2 = \sqrt{c^2 - x^2} \int_a^c \frac{\left(\dfrac{b-c}{a-c}\right)^i}{\sqrt{c^2 - b^2}} \mathrm{d}b$$

$$f_3 = \int_x^c \frac{\xi}{\sqrt{\xi^2 - x^2}} \mathrm{d}\xi \int_a^\xi \frac{\left(\dfrac{b-c}{a-c}\right)^i}{\sqrt{\xi^2 - b^2}} \mathrm{d}b$$

$$f_4 = \sqrt{c^2 - x^2} \int_a^c \frac{1}{\sqrt{c^2 - b^2}} \mathrm{d}b$$

$$f_5 = \int_x^c \frac{\xi}{\sqrt{\xi^2 - x^2}} \mathrm{d}\xi \int_a^\xi \frac{1}{\sqrt{\xi^2 - b^2}} \mathrm{d}b$$

根据式（5-11），将虚拟区离散，即可得到求解系数 m_i 的线性代数方程组，若采用非线性拉伸软化曲线，则得到非线性方程组。将系数 m_i 代入位移表达式（5-4）可得到位移分布，将位移分布代入拉伸软化曲线可得到应力分布；将应力分布代入式（5-9）可得到外荷载。

5.3.2　验证

采用 D-B[4,5] 模型计算时，过程区上的黏聚力分布函数为 $\sigma(x) = f_t$。取缝长为 0.4m，过程区长度为 0.2m，抗拉强度为 2.45MPa，弹性模量为 31GPa。采用 5.1 节计算方法得到过程区上的位移分布。图 5-4 给出了 D-B 模型计算结果以及多项式阶数分别为 2～5 时的计算结果。从图中可以看出多项式阶数越高，计算值与理论值越接近。当多项式阶数取为 5 时，与理论值已经非常接近。

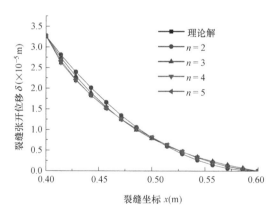

图 5-4　基于线性软化曲线的 D-B 模型计算结果

5.3.3　计算结果

图 5-5～图 5-10 是基于线性软化曲线模型给出的分析实例计算结果。图 5-5 和图 5-6 给出了裂缝失稳瞬时虚拟区位移与黏聚力分布。图 5-7 和图 5-8 给出了随着最大裂缝张开度变化，断裂过程区长度随初始缝长变化的结果。图 5-9 和图 5-10 给出了峰值外荷载随初始缝长变化的结果。

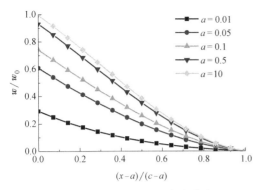

图 5-5 断裂过程区位移分布

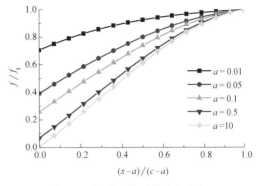

图 5-6 断裂过程区黏聚力分布

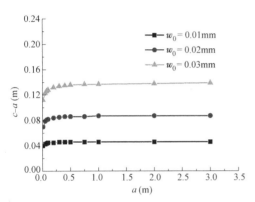

图 5-7 最大裂缝张开度对断裂过程区长度
的影响（抗拉强度取为 2.5MPa）

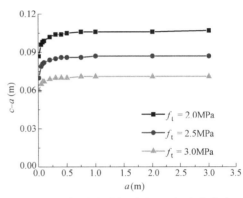

图 5-8 抗拉强度对断裂过程区长度的影响
（最大裂缝张开度取为 0.02mm）

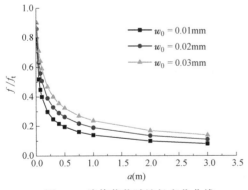

图 5-9 峰值荷载随缝长变化曲线
（抗拉强度取为 2.5MPa）

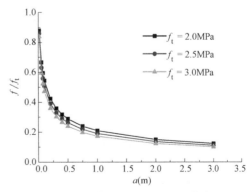

图 5-10 峰值荷载随缝长变化曲线
（最大裂缝张开度取为 0.02mm）

通过上述曲线对比，得出基于线性软化曲线的断裂过程区特性如下：

1）断裂过程区上的位移与黏聚力均为非线性分布。随着裂缝初始缝长增大，临界裂缝张开位移值逐渐增大，起裂点对应的黏聚力值逐渐变小。

2）断裂过程区长度随缝长增大而逐渐增大，缝长增大到一定程度时断裂过程区长度为恒定值。

3）随着初始缝长逐渐增大，峰值外荷载逐渐减小。最大张开度取值越大，峰值外荷载越大。抗拉强度越大，峰值外荷载越小。

5.4　基于双线性软化曲线的无限大板断裂过程区理论特性

5.4.1　求解方法

采用如图 5-11 所示的双线性软化曲线，其表达式如下：

$$\begin{cases} \sigma = f_t - (f_t - f_s)\delta/w_s, & 0 \leqslant \delta \leqslant w_s \\ \sigma = f_s(w_0 - \delta)/(w_0 - w_s), & w_s < \delta \leqslant w_0 \\ \sigma = 0, & \delta > w_0 \end{cases} \tag{5-12}$$

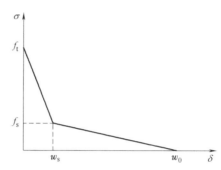

图 5-11　混凝土拉伸软化曲线

式中，f_t 为抗拉强度；w_0 为最大裂缝张开度；w_s、f_s 为双直线弯折点的坐标。

软化曲线参数可按照 CEB-FIP MC 1990 规定取值[6]：

$$\begin{cases} w_0 = \alpha_f G_f/f \\ w_s = 2G_f/f_t - 0.15w_0 \\ f_s = 0.15f_t \\ G_f = G_{f0}(f_c/f_{c0})^{0.7} \end{cases} \tag{5-13}$$

式中，G_f 为断裂能；f_c 为混凝土抗压强度；系数 α_f、G_{f0} 与粗骨料最大粒径 d_{max} 有关。

按照图 5-2 所示的无限大板中心拉伸裂缝模型，由于模型的对称性，可只研究右半部分过程区的解答。根据断裂力学原理，可推导出在外荷载和黏聚力共同作用下虚拟裂缝上的张开位移公式：

$$\delta(x) = \frac{4\sigma_0}{E}\sqrt{c^2 - x^2} - \frac{4}{E\pi}\int_a^c \sigma(\xi)\ln\left|\frac{\sqrt{c^2 - x^2} + \sqrt{c^2 - \xi^2}}{\sqrt{c^2 - x^2} - \sqrt{c^2 - \xi^2}}\right|\mathrm{d}\xi \tag{5-14}$$

联立式（5-5）、式（5-14），得位移控制方程为：

$$\delta(x) = \frac{4}{E\pi}\int_a^c \sigma(\xi)g(x, \xi, c)\mathrm{d}\xi \tag{5-15}$$

其中：$g(x, \xi, c) = 2\frac{\sqrt{c^2 - x^2}}{\sqrt{c^2 - \xi^2}} - \ln\left|\frac{\sqrt{c^2 - x^2} + \sqrt{c^2 - \xi^2}}{\sqrt{c^2 - x^2} - \sqrt{c^2 - \xi^2}}\right|$。

将过程区上的张开位移展开为泰勒多项式级数形式：

$$\delta(x)=\delta(c)+\delta'(c)(x-c)^1+\frac{\delta''(c)}{2!}(x-c)^2+\cdots+\frac{\delta^{(n)}(c)}{n!}(x-c)^n+\cdots \quad (5\text{-}16)$$

由于 $\delta(c)=0$，令 $\lambda_i=\delta^{(i)}(c)/(i!)$，可得：

$$\delta(x)=\sum_{i=1}^{n}\lambda_i(x-c)^i \quad (5\text{-}17)$$

在裂缝的扩展过程中，存在如图 5-12 所示两种情况：

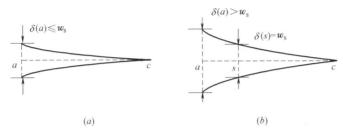

图 5-12 裂缝张开位移

(1) $\delta(a)\leqslant w_s$

此时，如图 5-12 (a)，将式（5-17）代入式（5-12）第一式，可得：

$$\sigma(x)=f_t-\frac{f_t-f_s}{w_s}\sum_{i=1}^{n}\lambda_i(x-c)^i \quad (5\text{-}18)$$

将式（5-17）、式（5-18）代入式（5-15），可得：

$$\sum_{i=1}^{n}\lambda_i\left[\frac{E\pi}{4}(x-c)^i+\frac{f_t-f_s}{w_s}\int_a^c(x-c)^ig(x,\xi,c)\mathrm{d}\xi\right]=f_t\int_a^c g(x,\xi,c)\mathrm{d}\xi \quad (5\text{-}19)$$

(2) $W_s<\delta(a)<W_0$

此时，如图 5-12 (b)，假设虚拟裂缝区上 s 点的位移：

$$\delta(s)=\sum_{i=1}^{n}\lambda_i(s-c)^i=w_s \quad (5\text{-}20)$$

其中：$a<s<c$。

将式（5-17）代入式（5-12）第一式、第二式，可得：

$$\sigma(x)=\begin{cases}\dfrac{f_s}{w_0-w_s}\left[w_s-\sum_{i=1}^{n}\lambda_i(x-c)^i\right], & a\leqslant x<s\\[4mm] f_t-\dfrac{f_t-f_s}{w_s}\sum_{i=1}^{n}\lambda_i(x-c)^i, & s\leqslant x<c\end{cases} \quad (5\text{-}21)$$

将式（5-17）、式（5-21）代入式（5-15），可得：

$$\sum_{i=1}^{n}\lambda_i\left[\frac{E\pi}{4}(x-c)^i+\frac{f_s}{w_0-w_s}\int_a^s(x-c)^ig(x,\xi,c)\mathrm{d}\xi+\frac{f_t-f_s}{w_s}\int_s^c(x-c)^ig(x,\xi,c)\mathrm{d}\xi\right]=$$
$$\frac{f_s w_s}{w_0-w_s}\int_a^s g(x,\xi,c)\mathrm{d}\xi+f_t\int_s^c g(x,\xi,c)\mathrm{d}\xi \quad (5\text{-}22)$$

根据式（5-19）、式（5-22），将断裂过程区离散，x 分别取为 a、$a+(c-a)/n$、$a+2(c-a)/n$、$\cdots$、$a+(n-1)(c-a)/n$，即可得到系数 λ_i 的 n 阶线性代数方程组。随着缝

长逐渐扩展，对不同时刻，求解式（5-19）、式（5-22）可得到位移分布表达式的系数 λ_i。将 λ_i 代入式（5-17）可得到位移分布，将位移分布代入式（5-12）得到黏聚力分布，将黏聚力分布代入式（5-5）求取外荷载 σ_0。

5.4.2 计算结果

图 5-13 和图 5-14 分别给出了混凝土断裂过程区上的裂缝张开位移和黏聚力分布的计算结果，从图中可以看出：断裂过程区上的位移和黏聚力均为非线性分布。裂缝张开量随初始缝长的增大而逐渐增加，临界裂缝张开位移也随之相应增大。黏聚力随着初始缝长的逐渐增大而逐渐变小。此外，断裂过程区长度随初始缝长增大而逐渐增大。

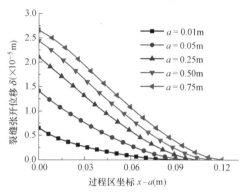

图 5-13 断裂过程区裂缝张开位移分布   图 5-14 断裂过程区黏聚力分布

图 5-15 和图 5-16 分别给出了不同强度等级的峰值外荷载及断裂过程区长度的计算结果。由图 5-15 可以看出，随着强度逐渐增大，断裂过程区长度逐渐减小。另外，随着骨料最大粒径逐渐增大，断裂过程区长度逐渐增大。由图 5-16 可以看出，峰值外荷载随骨料最大粒径和强度增大均逐渐增大。

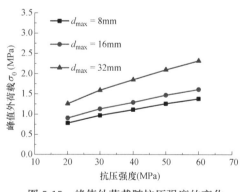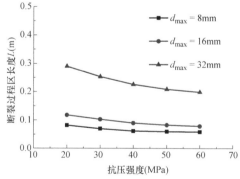

图 5-15 峰值外荷载随抗压强度的变化   图 5-16 断裂过程区长度随抗压强度的变化
（$a = 0.25\text{m}$）   （$a = 0.25\text{m}$）

通过上述曲线对比，得出基于双线性软化曲线的断裂过程区特性如下：

1）断裂过程区上的位移与黏聚力均为非线性分布。裂缝张开量随初始缝长的增大而逐渐增加，临界裂缝张开位移也随之相应增大。黏聚力随着初始缝长的逐渐增大而逐渐变小。

2）随着强度逐渐增大，断裂过程区长度逐渐减小，峰值外荷载逐渐增大。

3）随着骨料最大粒径逐渐增大，断裂过程区长度逐渐增大，峰值外荷载逐渐增大。

由此可知，基于线性软化曲线和基于双线性软化曲线的断裂过程区特性基本一致。

5.5 扩展准则对无限大板断裂过程区理论特性的影响

对于带裂缝的混凝土结构而言，裂缝扩展准则是进行断裂分析的前提。到目前为止，被应用于混凝土裂缝扩展分析的准则主要有两类。一类采用强度准则[1]，将裂缝尖端应力达到混凝土开裂强度作为裂缝起裂和扩展的条件。基于此类准则，学者们开展了大量的断裂全过程及断裂过程区研究[7-10]。另一类采用韧度准则[11-13]，将裂缝尖端应力强度因子达到起裂韧度作为判别条件。当外荷载与黏聚力分别引起的应力强度因子相叠加达到起裂韧度时，裂缝开始扩展。对于带裂缝的结构而言，与基于强度开裂准则的虚拟裂缝模型分析方法相比，考虑起裂韧度的分析方法通常能更准确反映出裂缝的起裂状态。近年来起裂韧度准则亦被应用于混凝土裂缝扩展的断裂分析中[12-15]。考虑混凝土的软化特性后，利用以上两类准则均能模拟断裂全过程。然而，实际混凝土结构分析中，由于不同裂缝扩展准则采用不同的机理，裂缝扩展准则的选取必然对断裂过程区特性产生一定的影响。鉴于断裂过程区的重要性，则将以上两种准则进行比较研究是解释断裂机制及进行断裂分析的前提和关键。

根据 5.4 节的模型与方法，以强度等级 C30、粗骨料最大粒径为 16mm 的混凝土材料为例进行计算，其弹性模量为 34GPa，抗拉强度为 2.9MPa。为分析初始缝长及裂缝扩展准则的影响，实际计算中，初始缝长分别取为 0.1m、0.25m、0.5m，起裂韧度分别取为 $0.5\text{MPa} \cdot \text{m}^{1/2}$、$1\text{MPa} \cdot \text{m}^{1/2}$、$1.5\text{MPa} \cdot \text{m}^{1/2}$。得出了不同裂缝扩展准则对临界黏聚区长度、裂缝张开位移及黏聚力分布的影响。

1）临界黏聚区长度

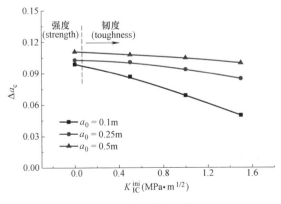

图 5-17 临界黏聚区长度

图 5-17 中，采用强度准则计算的临界断裂过程区长度大于采用韧度计算的结果。随着韧度逐渐增大，临界断裂过程区长度逐渐减小。初始缝长值越大，临界断裂过程区长度随韧度的减小趋势越平缓。另外还指出，无论采用哪种准则，临界黏聚区长度均随初始缝长值增大而逐渐增大。

2）裂缝张开位移和黏聚力分布

图 5-18 和图 5-19 给出了初始缝长值 a_0 一定的情况下，不同起裂韧度对应的计算结果。由图 5-18 可以看出，采用强度准则和采用韧度准则计算的裂缝张开位移和黏聚力分布均为非线性。此外，采用强度准则的裂缝张开位移大于采用韧度准则的结果。随着韧度逐渐增大，断裂过程区的裂缝张开位移逐渐减小。由图 5-19 可以看出，黏聚力分布与裂缝张开位移呈现相反的规律。

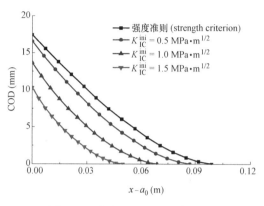

图 5-18　黏聚区裂缝张开位移分布

图 5-20 和图 5-21 给出了起裂韧度 K_{IC}^{ini} 一定的情况下，不同初始缝长值的计算裂缝张开位移及黏聚力分布结果。由图 5-20 可以看出，断裂过程区的裂缝张开位移随初始缝长的增大而增大。同样，由图 5-21 看出，黏聚力随初始缝长的增大而减小。

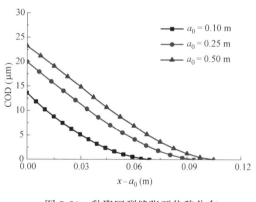
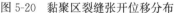
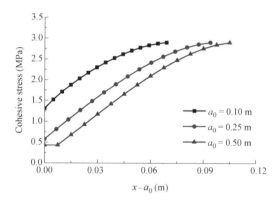

图 5-20　黏聚区裂缝张开位移分布　　　　图 5-21　黏聚区黏聚力分布

综上所述断裂过程区特性受裂缝扩展准则的影响。具体结论如下：

1）采用强度准则计算的临界断裂过程区长度大于采用韧度准则计算的结果。临界断裂过程区长度随韧度增大而逐渐减小。

2）不同准则计算的裂缝张开位移及黏聚力分布均为非线性。采用强度准则计算的裂缝张开位移大于采用韧度准则计算的结果。随着韧度逐渐增大，裂缝张开位移逐渐减小。黏聚力分布与裂缝张开位移呈现相反的规律。

3）临界断裂过程区长度与裂缝张开位移均随初始缝长增大而逐渐增大。黏聚力随初始缝长增大而减小。

5.6　混凝土三点弯曲梁断裂过程计算方法

5.6.1　三点弯曲梁黏聚裂缝模型

图 5-22 为引入黏聚力的三点弯曲梁模型，其中 D 为梁高，B 为厚度，S 为梁的有效跨度，a 为初始裂缝长度，P 为外荷载，c 为引入黏聚裂缝后的有效裂缝长度。根据线性叠加原理，可将如图 5-22 所示模型分解为外荷载与黏聚力两部分作用的叠加如图 5-23（a）和（b）所示。

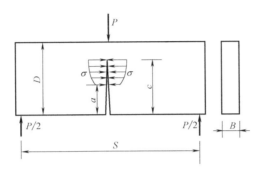

图 5-22　考虑黏聚力的三点弯曲梁模型

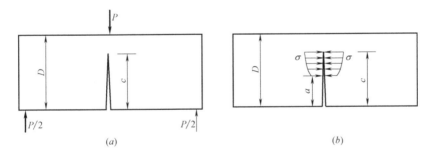

图 5-23　三点弯曲梁模型受力分解示意图
（a）外荷载作用；（b）黏聚力作用

5.6.2　应力强度因子与裂缝位移的求解表达式

如图 5-24 所示，在缝端 x 处引入一对虚力 F，对点 F 在黏聚裂缝尖端 $x=c$ 处的应力强度因子可采用无限长条板的应力强度因子近似计算[16]，其表达式如下[17]。

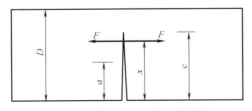

图 5-24　引入虚力对的计算模型

$$K_{IF} = \frac{2F}{\sqrt{\pi c}} \frac{G(x/c, c/D)}{(1-c/D)^{3/2} \sqrt{1-(x/c)^2}} \tag{5-23}$$

$$G\left(\frac{x}{c}, \frac{c}{D}\right) = g_1\left(\frac{c}{D}\right) + g_2\left(\frac{c}{D}\right) \cdot \frac{x}{c} + g_3\left(\frac{c}{D}\right) \cdot \left(\frac{x}{c}\right)^2 + g_4\left(\frac{c}{D}\right) \cdot \left(\frac{x}{c}\right)^3$$

$$g_1\left(\frac{c}{D}\right) = 0.46 + 3.06\frac{c}{D} + 0.84\left(1-\frac{c}{D}\right)^5 + 0.66\left(\frac{c}{D}\right)^2\left(1-\frac{c}{D}\right)^2$$

$$g_2 = -3.52\left(\frac{c}{D}\right)^2$$

$$g_3\left(\frac{c}{D}\right) = 6.17 - 28.22\frac{c}{D} + 34.54\left(\frac{c}{D}\right)^2 - 14.39\left(\frac{c}{D}\right)^3 - \left(1-\frac{c}{D}\right)^{3/2}$$

$$- 5.88\left(1-\frac{c}{D}\right)^5 - 2.64\left(\frac{c}{D}\right)^2\left(1-\frac{c}{D}\right)^2$$

$$g_4\left(\frac{c}{D}\right) = -6.63 + 25.16\frac{c}{D} - 31.04\left(\frac{c}{D}\right)^2 + 14.41\left(\frac{c}{D}\right)^3 - 2\left(1-\frac{c}{D}\right)^{3/2}$$

$$+ 5.04\left(1-\frac{c}{D}\right)^5 + 1.98\left(\frac{c}{D}\right)^2\left(1-\frac{c}{D}\right)^2$$

（1）外荷载产生的应力强度因子及裂缝张开位移

如图 5-23（a）所示，外端力在虚拟缝端处产生的应力强度因子为[17]：

$$K_I^P = \frac{1.5(P+W/2)S}{BD^2}\sqrt{a}F\left(\frac{a}{D}\right) \tag{5-24}$$

式中，W 为等效自重荷载。

$$F(\alpha) = \frac{1.99 - \alpha(1-\alpha)(2.15 - 3.93\alpha + 2.7\alpha^2)}{(1+2\alpha)(1-\alpha)^{3/2}}$$

式中，$\alpha = a/D$。

根据 Paris 位移公式（5-1），由外荷载产生的裂缝张开位移：

$$\delta_1(x) = \frac{2}{E'}\int_x^c \frac{1.5(P+W/2)S}{BD^2}\sqrt{\xi}F\left(\frac{\xi}{D}\right) \times \frac{2}{\sqrt{\pi\xi}}\frac{G(x/\xi, \xi/D)}{(1-\xi/D)^{3/2}\sqrt{1-(x/\xi)^2}}d\xi \tag{5-25}$$

（2）黏聚力产生的应力强度因子及裂缝张开位移

如图 5-23（b）所示，黏聚力产生的应力强度因子为：

$$K_I^c = -\int_a^c \frac{2\sigma(b)}{\sqrt{\pi c}}\frac{G(b/c, c/D)}{(1-c/D)^{3/2}\sqrt{1-(b/c)^2}}db \tag{5-26}$$

式中，$\sigma(x)$ 为黏聚力分布。

根据 Paris 位移公式（5-1），由黏聚力产生的裂缝张开位移为：

$$\delta_2(x) = \frac{2}{E'}\int_x^c \frac{2}{\sqrt{\pi\xi}}\frac{G(x/\xi, \xi/D)}{(1-\xi/D)^{3/2}\sqrt{1-(x/\xi)^2}}d\xi \times \int_a^\xi \frac{2\sigma(b)}{\sqrt{\pi\xi}}\frac{G(b/\xi, \xi/D)}{(1-\xi/D)^{3/2}\sqrt{1-(b/\xi)^2}}db$$

$$\tag{5-27}$$

（3）缝端应力强度因子及裂缝张开位移表达式

由线性叠加原理，缝端应力强度因子 K_I 为外荷载产生的应力强度因子 K_I^P 与断裂过程区上的黏聚力产生的应力强度因子 $K_{\mathrm{I}}^{\mathrm{c}}$ 之和：

$$K_{\mathrm{I}}=K_{\mathrm{I}}^{\mathrm{P}}+K_{\mathrm{I}}^{\mathrm{c}} \tag{5-28}$$

可得外荷载表达式：

$$P=\frac{2BD^2}{3S\sqrt{a}F\left(\dfrac{a}{D}\right)}\left[K_{\mathrm{I}}^{\mathrm{ini}}+\int_a^c\frac{2\sigma(x)}{\sqrt{\pi a}}\frac{G\left(\dfrac{x}{a},\dfrac{a}{D}\right)}{\left(1-\dfrac{a}{D}\right)^{3/2}\sqrt{1-\left(\dfrac{x}{a}\right)^2}}\mathrm{d}x\right]-\frac{W}{2} \tag{5-29}$$

式中，$K_{\mathrm{I}}^{\mathrm{ini}}$ 为起裂韧度。

裂缝张开位移表达式为：

$$\delta(x)=\delta_1(x)+\delta_2(x) \tag{5-30}$$

5.6.3　裂缝扩展全过程的模拟方法和步骤

混凝土裂缝断裂全过程的模拟分为起裂前和起裂后两部分。起裂前采用荷载控制方法，起裂后可采用裂缝张开位移或扩展区长度控制方法，本节采用后者。具体模拟方法如下。

将起裂荷载试验值 $P=P_{\mathrm{ini}}$ 代入式（5-24），计算起裂韧度 $K_{\mathrm{I}}^{\mathrm{ini}}$。随着外荷载从零逐渐增大到 P_{ini} 值，由式（5-25）计算起裂前不同外荷载对应的裂缝张开位移。起裂后，以黏聚裂缝长度作为输入，联立式（5-12）、式（5-28）、式（5-30），利用数值迭代方法计算外荷载和裂缝张开位移[18]。对于不用的黏聚力裂缝长度值，迭代步骤如下。

（1）任意给定一断裂过程区上的位移分布初始值。

（2）根据式（5-12）计算断裂过程区上的应力分布。

（3）将 $K=K_{\mathrm{I}}^{\mathrm{ini}}$ 以及黏聚力分布代入式（5-28），计算该时步的外荷载 P。

（4）将外荷载 P 和黏聚力分布代入式（5-30），求解新的位移分布。

（5）若计算的位移分布与假定的初始位移分布满足收敛条件（$\max|\delta_i(x)-\delta_{i-1}(x)|_{a\leqslant x\leqslant c}<\Delta$），则停止计算。否则，将新的位移作为初始位移重复第 2～4 步进行迭代计算。

基于上述思路，编制了相应的计算程序。数值积分采用高斯-切比雪夫积分公式。计算结果表明，采用不同的初始位移均能很快收敛。断裂过程区中的应力与位移的分布规律目前还未形成统一认识[15,19,20]，本节计算中未人为假定断裂过程区上的黏聚力和裂缝张开位移分布规律，则在断裂过程区内能够严格满足拉伸软化关系。

5.7　三点弯曲梁断裂过程区理论特性

5.7.1　算例

为研究不同尺寸的混凝土三点弯曲梁断裂过程区特性，利用文献［21］中的 L 系列试件进行计算。采用式（5-12）所示的双线性拉伸软化本构关系。

L 系列试件的初始缝长比均相同，但试件高度的范围为 100～300mm。最大骨料粒径为 10mm，单轴拉伸强度为 $f_{\mathrm{t}}=2.3\mathrm{MPa}$，弹性模量 $E=28\mathrm{GPa}$，泊松比为 $\nu=0.2$。试件主要参数参见表 5-1。

试件尺寸与材料参数　　表 5-1

试件编号	L(mm)	D(mm)	B(mm)	a_0/D	K_I^{ini}(MPa·m$^{1/2}$)	G_f(N·m^{-1})
L1	400	100	100	0.4	0.52	97
L2	800	200	100	0.4	0.67	153
L3	1200	300	100	0.4	0.76	141

图 5-25 是采用本节提出的方法计算的 L 系列试件的 P-$CMOD$ 曲线与文献［21］中的有限元计算结果对比。表 5-2 是 L 系列试件峰值时刻的计算结果。由图 5-25 和表 5-2 可以看出，本节计算结果与有限元方法结果对比符合较好。

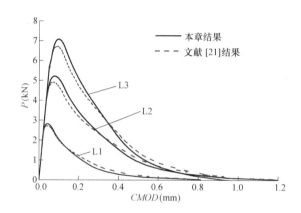

图 5-25　L 系列试件的 P-$CMOD$ 曲线

L 系列试件峰值荷载时刻的计算结果　　表 5-2

试件编号	Δa_c(mm)	$\Delta a_c/D$	$CMOD_c$(mm)	$CTOD_c$(mm)	P_{max}(kN) 本节方法	P_{max}(kN) 有限元方法[21]
L1	12.0	0.120	0.0407	0.0122	2.817	2.77
L2	24.0	0.120	0.0764	0.0227	5.218	5.21
L3	28.8	0.096	0.0973	0.0267	7.075	7.16

注：$CTOD_c$ 为峰值荷载时刻裂缝尖端张开位移。

5.7.2　软化曲线对计算结果的影响

为分析软化曲线对断裂过程区特性的影响，采用另一组软化曲线进行计算。Reinhardt 等[22] 提出的软化曲线表达式为

$$\sigma=f_t\left\{\left[1+\left(\frac{c_2\delta}{w_0}\right)^3\right]\exp\left(\frac{-c_2\delta}{w_0}\right)-\frac{\delta}{w_0}(1+c_1^3)\exp(-c)\right\}\quad(5\text{-}31)$$

式中，c_1、c_2 为材料参数，$c_1=3$；$c_2=6.93$；$w_0=5.14\,G_f/f_t$。

图 5-26 为 L 系列试件采用不同软化曲线计算的 P-$CMOD$ 全曲线对比。可以看出，不

同软化曲线对计算结果的影响非常小。

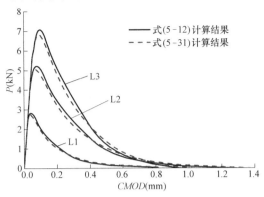

图 5-26 软化曲线对 L 系列试件 $P\text{-}CMOD$ 全曲线的影响

5.7.3 断裂过程区特性分析

最大断裂过程区长度如表 5-3 所示。可以看出，与临界断裂过程区规律相似，最大断裂过程区长度随试件尺寸增大而逐渐增大。该结论与 Dong 等[21] 利用有限元法研究的结论相同。此外，最大断裂过程区长度受拉伸软化曲线影响，采用式（5-31）计算的结果大于采用式（5-12）计算的结果。

最大断裂过程区长度　　　　　　　　　　　　　　　　　　表 5-3

试件编号	最大断裂过程区长度(mm)	
	式(5-12)计算值	式(5-31)计算值
L1	0.053	0.056
L2	0.104	0.110
L3	0.141	0.156

利用 L2 试件分析断裂过程中裂缝张开位移与黏聚力的分布规律。图 5-27 为 L2 试件 $P\text{-}CMOD$ 曲线，0～6 对应于不同时刻，点 0 代表起裂点，1 代表起裂后未达到峰值时刻的某一点，2 代表峰值时刻点，3、4、5、6 代表 $P\text{-}CMOD$ 曲线下降段上的时刻点，其中 5 和 6 分别代表采用两种软化曲线计算的初始裂缝尖端应力为零时所对应的时刻点，即对应于断裂过程区最长的时刻点。图 5-28 为 L2 试件的 $P\text{-}a/D$ 曲线，其中的 0～6 点分别对应于图 5-27 中的 6 个时刻。

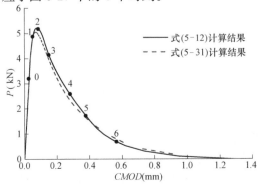

图 5-27 L2 试件 $P\text{-}CMOD$ 全曲线

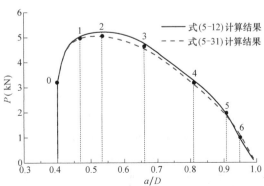

图 5-28 L2 试件 $P\text{-}a/D$ 全曲线

图 5-29、图 5-30 分别为采用式（5-12）和式（5-31）的软化曲线时，L2 试件不同时刻点（0～6）对应的裂缝张开位移与黏聚力分布。由图 5-29 可以看出，起初裂缝张开位移为非线性分布，当外荷载达到峰值荷载或断裂过程区长度较大后，裂缝张开位移基本为线性分布。Foote 等[23] 的断裂过程区特性研究结果也表明，裂缝尖端位移为线性分布。

由图 5-30（a）可以看出，黏聚力初始情况为线性分布，然后为双线性分布，初始裂缝尖端应力为零后，为三线性分布。由图 5-30（b）可以看出，黏聚力为光滑的非线性曲线分布，可推断黏聚力分布形式与拉伸软化曲线相关。

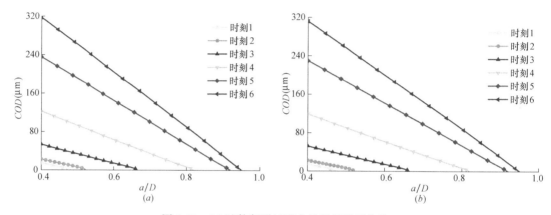

图 5-29　L2 试件断裂过程中的裂缝张开位移
（a）采用式（5-12）软化曲线；（b）采用式（5-31）软化曲线

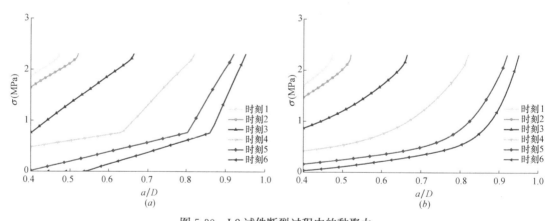

图 5-30　L2 试件断裂过程中的黏聚力
（a）采用式（5-12）软化曲线；（b）采用式（5-31）软化曲线

结论：

1）最大断裂过程区长度及峰值时刻对应的临界断裂过程区长度均随试件高度增大而逐渐增大。其长度受拉伸软化曲线影响。

2）拉伸软化曲线对断裂全过程 P-CMOD 曲线影响较小。

3）荷载达到峰值前断裂过程区裂缝张开位移和黏聚力均为非线性分布，荷载达到峰值后断裂过程区裂缝张开位移近似为线性分布，黏聚力为非线性分布，其形式与拉伸软化曲线有关。

参考文献

[1] Hillerborg A，Modeer M. Analysis of crack formation crack growth in concrete by means of fracture mechanics and finite elements. Cement and Concrete Research. 1976，6（6）：773-782.

[2] Paris P C，Erdogan F. A critical analysis of crack propagation laws. Transactions of the ASME，1963，85（4）：528-534.

[3] Wang W，Hsu C T T，Blackmore D. Generalized formulation for strip yielding model with variable cohesion and its analytical solutions. International Journal of Solids and Structures. 2000，（37）：7533-7546.

[4] Dugdale D. Yielding of steel sheets containing slits. Journal of the Mechanics and Physicsc Solids，1960，（8）：100-108.

[5] Barenblatt G. The mathematical theory of equilibrium crack in the brittle fracture. Advances in Applied Mechanics，1962，（7）：55-129.

[6] CEB-FIP MC 90. CEB-FIP Model Code 1990. London：Thomas Telford House，1993.

[7] Petersson P E. Crack growth and development of fracture zones in plain concrete and similar materials. Division of Building Materials，Report TVBM-1006，Sweden：Lund Institute of Technology，1981.

[8] Stang H，Olesen J F，Poulsen P N，et al. On the application of cohesive crack modeling in cementitious materials. Materials and Structures，2007，40（4）：365-374.

[9] Karihaloo B L，Xiao Q Z. Asymptotic fields at the tip of a cohesive crack. International Journal of Fracture，2008，150（12）：55-74.

[10] 卿龙邦，李庆斌，管俊峰，等. 基于虚拟裂缝模型的混凝土断裂过程区研究. 工程力学，2012，29（9）：112-116，132.

[11] Xu S L，Reinhardt H W. Determination of double-K criterion for crack propagation in quasi-brittle materials：Part I-Experimental investigation of crack propagation. International Journal of Fracture. 1999，98（2）：111-149.

[12] 吴智敏，董伟，刘康，等. 混凝土 I 型裂缝扩展准则及裂缝扩展全过程的数值模拟. 水利学报，2007，38（12）：1453-1459.

[13] Dong W，Zhou X M，Wu Z M. On fracture process zone and crack extension resistance of concrete based on initial fracture toughness. Construction and Building Materials，2013，49：352-63.

[14] 李庆斌，卿龙邦，管俊峰. 混凝土裂缝断裂全过程受黏聚力分布的影响分析. 水利学报，2012，43（S）：31-36.

[15] 卿龙邦，李庆斌，管俊峰. 混凝土断裂过程区长度计算方法研究. 工程力学，2012，29（4）：197-201.

[16] Zhang J，Li V C. Simulation of crack propagation in fiber-reinforced concrete. Cement and Concrete Research，2004，34（2）：333-339.

[17] Tada H，Pairs P C，Irwin G R. The Stress Analysis of Crack Handbook [M]. New York：ASME Press，2000.

[18] 王新友，吴科如. 混凝土等效裂纹断裂模型及其应用. 同济大学学报，1993，21（2）：187-194.

[19] Zhang W，Deng X M. Mixed-mode I／II fields around a crack with a cohesive zone ahead of the crack tip. Mechanics Research Communications，2007，34（2）：172-180.

[20] Karihaloo B L，Xiao Q Z. Asymptotic fields at the tip of a cohesive crack. International Journal of Fracture，2008（150）：55-74.

[21] Dong W，Wu Z M，Zhou X M. Calculating crack extension resistance of concrete based on a new

crack propagation criterion. Construction and Building Materials，2013，38：879-889.

［22］Reinhardt H W，Comelissen H A W，Hordjil D A. Tensile tests and failure analysis of concrete. Journal of Structural Engineering，1986，112 (11)：2462-2477.

［23］Foote R M L，Mai Y W，Cotterell B. Crack growth resistance curves in strain-softening materials. Journal of the Mechanics and Physics of Solids，1986，34 (6)：593-607.

第6章 基于损伤力学的混凝土
裂缝断裂分析研究

　　混凝土是由多种材料复合而成，其破坏过程较复杂。受到外界荷载作用时，混凝土表现出非线性的主要原因是材料内部存在损伤和微裂纹。由于应力集中，裂缝尖端附近的材料会产生不同程度的损伤，其力学性质与距裂缝远处不同[1]。在实际结构中，混凝土产生宏观裂缝之前，存在较多微裂缝，在荷载作用下，微裂缝从萌发、演化发展到形成宏观裂缝。因此，材料破坏的根源往往是构件内部存在的微小缺陷，微缺陷不断聚集、扩展，导致材料的力学性能在局部范围内不断削弱。损伤力学依据连续介质力学的理论研究材料的损伤破坏，通过损伤变量可描述材料内部细微裂缝等缺陷的发展。损伤力学与断裂力学的结合运用是解决混凝土损伤断裂问题的有效方法。

6.1　三点弯曲梁允许损伤尺度解析研究

6.1.1　裂缝尖端应变表达式

　　由于混凝土裂缝损伤断裂试验大多集中在构件层面，使得基于无限大板的计算方法的正确性无法得到验证，而有限尺寸混凝土断裂试验研究可较准确地应用于验证其损伤断裂破坏全过程。一般实验室构件通常情况采用有限尺寸进行试验，本节以有限尺寸的混凝土三点弯曲梁 I 型破坏试件为例，应用 William 级数，建立基于前三阶级数的裂尖应变场。

　　对于 I 型裂缝问题，根据 William 应力函数，裂缝尖端的应力场为：

$$\begin{cases} \sigma_x = \sum_{n=1}^{\infty} \frac{n}{2} r^{\frac{n}{2}-1} a_n \left\{ \left[2 + \frac{n}{2} + (-1)^n \right] \cos\left(\frac{n}{2}-1\right)\theta - \left(\frac{n}{2}-1\right)\cos\left(\frac{n}{2}-3\right)\theta \right\} \\ \sigma_y = \sum_{n=1}^{\infty} \frac{n}{2} r^{\frac{n}{2}-1} a_n \left\{ \left[2 - \frac{n}{2} - (-1)^n \right] \cos\left(\frac{n}{2}-1\right)\theta + \left(\frac{n}{2}-1\right)\cos\left(\frac{n}{2}-3\right)\theta \right\} \\ \tau_{xy} = \sum_{n=1}^{\infty} \frac{n}{2} r^{\frac{n}{2}-1} a_n \left\{ \left(\frac{n}{2}-1\right)\sin\left(\frac{n}{2}-3\right)\theta - \left[\frac{n}{2} + (-1)^n \right] \sin\left(\frac{n}{2}-1\right)\theta \right\} \end{cases}$$

$$(6-1)$$

式中，σ_x、σ_y 为平面应力，τ_{xy} 为平面剪应力，r 为以缝尖为原点的极径，θ 为以裂尖延长线为 x 轴时逆时针旋转过的角度，a_n 为系数，n 为展开式阶数（$n = 1, 2, 3\cdots\cdots$）。

　　应用 William 级数形式的裂缝尖端应力场展开式，取前三阶级数来计算裂缝尖端应变场。其中，级数前三项分别代表奇异项、T 应力项和三次高阶项。首先，令 $\theta = 0$，则式（6-1）为：

$$
\begin{cases}
\sigma_x = \sum_{n=1}^{\infty} \frac{n}{2} r^{\frac{n}{2}-1} a_n \left[3+(-1)^n\right] \\
\sigma_y = \sum_{n=1}^{\infty} \frac{n}{2} r^{\frac{n}{2}-1} a_n \left[1-(-1)^n\right] \\
\tau_{xy} = 0
\end{cases}
\tag{6-2}
$$

根据胡克定律及式（6-2），可得：

$$
\begin{cases}
\varepsilon_x = \frac{1}{E}(\sigma_x - \nu\sigma_y) = \frac{1}{E}\sum_{n=1}^{\infty} \frac{n}{2} r^{\frac{n}{2}-1} a_n \left\{3+(-1)^n - \nu\left[1-(-1)^n\right]\right\} \\
\varepsilon_y = \frac{1}{E}(\sigma_y - \nu\sigma_x) = \frac{1}{E}\sum_{n=1}^{\infty} \frac{n}{2} r^{\frac{n}{2}-1} a_n \left\{1-(-1)^n - \nu\left[3+(-1)^n\right]\right\} \\
\gamma_{xy} = \frac{\tau_{xy}}{G} = 0
\end{cases}
\tag{6-3}
$$

式中，ε_x、ε_y 为平面应变，γ_{xy} 为平面剪应变，E 为弹性模量，ν 为泊松比，G 为剪切模量。式（6-3）即基于 Williams 应力函数的应变表达式。

根据 Karihaloo 和 Xiao[2] 提出的混合裂缝单元方法中 a_n（$n=1\sim5$）的拟合表达式，对于三点弯曲梁试件，式（6-3）中的系数 a_n 计算方法可参见文献［2］。a_1 表达式如下：

$$
a_1 = k_\beta(\alpha) \cdot \sigma \sqrt{D}
\tag{6-4}
$$

式（6-4）中，α 为试件的缝高比，$\alpha=c/D$（c 为初始缝长，D 为试件高度）；β 为跨高比，$\beta=S/D$（S 为试件的跨度）；σ 为跨中应力，$\sigma=6M/D^2$，$M=PS/4$（M 为跨中截面处单位厚度上的弯矩，P 为跨中集中荷载）。

其中：

$$
k_\beta(\alpha) = \frac{\sqrt{\alpha}}{\sqrt{2\pi}(1-\alpha)^{3/2}(1+3\alpha)} \times \left\{p_\infty(\alpha) + \frac{4}{\beta}\left[p_4(\alpha)-p_\infty(\alpha)\right]\right\}
\tag{6-5a}
$$

$$
p_4(\alpha) = 1.9+0.41\alpha+0.51\alpha^2-0.17\alpha^3
\tag{6-5b}
$$

$$
p_\infty(\alpha) = 1.99+0.83\alpha-0.31\alpha^2+0.14\alpha^3
\tag{6-5c}
$$

a_2 表达式如下：

$$
a_2 = \frac{t_\beta(\alpha) \cdot \sigma}{4}
\tag{6-6}
$$

其中：

$$
t_\beta(\alpha) = t_\infty(\alpha) + \frac{4}{\beta}\left[t_4(\alpha)-t_\infty(\alpha)\right]
\tag{6-7a}
$$

$$
t_4(\alpha) = 7.0902\alpha^4-2.4386\alpha^3-0.8342\alpha^2+1.4737\alpha-0.4873
\tag{6-7b}
$$

$$
t_\infty(\alpha) = 9.4681\alpha^4-5.586\alpha^3+1.7331\alpha^2+1.1634\alpha-0.5099
\tag{6-7c}
$$

a_3 表达式如下：

$$
a_3 = g_\beta^3(\alpha) \cdot \sigma/\sqrt{D}
\tag{6-8}
$$

其中：

$$
g_\beta^3(\alpha) = g_\infty^3(\alpha) + \frac{4}{\beta}\left[g_4^3(\alpha)-g_\infty^3(\alpha)\right]
\tag{6-9a}
$$

$$g_\infty^3(\alpha) = -153.84\alpha^5 + 240.49\alpha^4 - 157.57\alpha^3 + 50.116\alpha^2 - 9.5459\alpha + 0.7136 \quad (6\text{-}9b)$$

$$g_4^3(\alpha) = -148.73\alpha^5 + 233.48\alpha^4 - 153.97\alpha^3 + 49.515\alpha^2 - 9.2406\alpha + 0.6534 \quad (6\text{-}9c)$$

将 a_1、a_2、a_3 计算表达式代入式（6-2）可计算裂缝尖端的应力场，代入式（6-3）可计算应变表达式。

6.1.2 允许损伤尺度的解析表达式

混凝土裂缝的断裂过程中，其裂缝尖端微裂区的存在会引起应力松弛[3-5]。当混凝土材料微裂区边界达到某一强度极限时，微裂区内部应变大于损伤阈值应变（$\varepsilon > \varepsilon_s^0$），此时，混凝土将出现损伤现象。上一节已经给出了混凝土裂缝尖端应变表达式，本节进一步考虑应力松弛的影响，来推导允许损伤尺度的解析表达式。

图 6-1 给出了混凝土裂缝尖端软化前后的应力分布，曲线 ABC 为裂缝尖端软化前的应力分布，曲线 DEF 为裂缝尖端软化后的应力分布。A 点表示应力为无穷大，B 点表示应力达到了混凝土强度（σ_u），C 点表示应力达到了混凝土损伤应力（σ_s），D 点表示软化后应力达到了混凝土强度（σ_u），E 点表示软化后应力达到了混凝土损伤应力（σ_s），F 点表示应力随 r 增大逐渐减小。考虑裂缝尖端应力松弛后，构件承载能力不发生变化[3]。根据合力等效（面积相等）原则，得到 AC 与 ODE 以下面积相等（$S_{AC} = S_{ODE}$）。

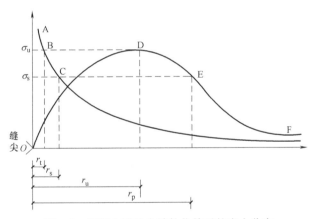

图 6-1 混凝土裂缝尖端软化前后的应力分布

引入断裂力学理论[3,4]，根据 OD 与 AB 以下面积相等（$S_{OD} = S_{AB}$），假定 OD、DE 为直线，故存在：

$$\frac{1}{2}r_u\sigma_u = \int_0^{r_t}\sigma_y dr \quad (6\text{-}10)$$

式中，σ_y 为缝尖垂直于裂缝方向的平面应力，r_u 为软化后应力达到混凝土强度时对应的极径，r_t 为软化前 $\varepsilon_y = \varepsilon_u$ 时对应的极径，ε_y 为垂直于裂缝方向的平面应变，ε_u 为极限应变。

分别取 $n = 1$、2、3 时，将 $\varepsilon_y = \varepsilon_u$ 代入式（6-3）可以得到 r_t，其结果代入式（6-10）依次得到：

$$r_{u1} = \frac{4a_1 r_{t1}^{1/2}}{E\varepsilon_u} \quad (6\text{-}11a)$$

$$r_{u2} = \frac{4a_1 r_{t2}^{1/2}}{E\varepsilon_u} \tag{6-11b}$$

$$r_{u3} = \frac{4a_1 r_{t3}^{1/2} + 4a_3 r_{t3}^{3/2}}{E\varepsilon_u} \tag{6-11c}$$

式中，r_{u1}、r_{u2}、r_{u3} 为应力软化后基于前三阶级数解确定的极径，r_{t1}、r_{t2}、r_{t3} 为基于前三阶级数弹性解确定的达到混凝土强度时的极径。

其中：

$$r_{t1} = \frac{a_1^2 (1-\nu)^2}{(\varepsilon_u E)^2} \tag{6-12a}$$

$$r_{t2} = \frac{a_1^2 (1-\nu)^2}{(\varepsilon_u E + 4a_2 \nu)^2} \tag{6-12b}$$

$$r_{t3} = \frac{\left[(\varepsilon_u E + 4a_2 \nu) - \sqrt{(\varepsilon_u E + 4a_2 \nu)^2 - 12a_1 a_3 (1-\nu)^2} \right]^2}{36 a_3^2 (1-\nu)^2} \tag{6-12c}$$

根据 $S_{AC} = S_{ODE}$、$S_{OD} = S_{AB}$ 及图 6-1 可以得到，DE 与 BC 以下面积相等（$S_{DE} = S_{BC}$），得：

$$\frac{1}{2} (\sigma_u + \sigma_s^0)(r_p - r_u) = \int_{r_t}^{r_s} \sigma_y \mathrm{d}r \tag{6-13}$$

式中，σ_s^0 为混凝土缝尖静力损伤应力，r_p 为允许损伤尺度，r_s 为软化前 $\varepsilon_y = \varepsilon_s^0$ 时对应的极径，ε_y 为垂直于裂缝方向的平面应变，ε_s^0 为静力损伤阈值。

分别取 $n = 1$、2、3 时，将 $\varepsilon_y = \varepsilon_s^0$ 代入式（6-3）得到 r_s，再代入式（6-13）有：

$$r_{p1} = \frac{4a_1 r_{s1}^{1/2} - 4a_1 r_{t1}^{1/2}}{E\varepsilon_u + E\varepsilon_s^0} + r_{u1} \tag{6-14a}$$

$$r_{p2} = \frac{4a_1 r_{s2}^{1/2} - 4a_1 r_{t2}^{1/2}}{E\varepsilon_u + E\varepsilon_s^0} + r_{u2} \tag{6-14b}$$

$$r_{p3} = \frac{4a_1 (r_{s3}^{1/2} - r_{t3}^{1/2}) + 4a_3 (r_{s3}^{3/2} - r_{t3}^{3/2})}{E\varepsilon_u + E\varepsilon_s^0} + r_{u3} \tag{6-14c}$$

式中，r_{p1}、r_{p2}、r_{p3} 为应力软化后基于前三阶级数解确定的允许损伤尺度，r_{s1}、r_{s2}、r_{s3} 为基于前三阶级数弹性解确定的达到损伤应力时的极径。

其中：

$$r_{s1} = \frac{a_1^2 (1-\nu)^2}{(\varepsilon_s^0 E)^2} \tag{6-15a}$$

$$r_{s2} = \frac{a_1^2 (1-\nu)^2}{(\varepsilon_s^0 E + 4a_2 \nu)^2} \tag{6-15b}$$

$$r_{s3} = \frac{\left[(\varepsilon_s^0 E + 4a_2 \nu) - \sqrt{(\varepsilon_s^0 E + 4a_2 \nu)^2 - 12a_1 a_3 (1-\nu)^2} \right]^2}{36 a_3^2 (1-\nu)^2} \tag{6-15c}$$

6.2 随机软化曲线

6.2.1 随机损伤模型

为反映混凝土的随机性，引入图 6-2 所示的微观弹簧单元体系模拟混凝土的随机断裂。假定混凝土是由一系列的损伤体连接而成，每个损伤体由一个并联的弹簧束构成[6]。在这一模型中，损伤产生的位置是随机的，即每根弹簧的破坏是随机的，每根弹簧的断裂应变随机，由此反映宏观上本构关系的非线性行为。如图 6-2 所示的单根弹簧代表损伤体内的混凝土微单元体，弹簧的破坏表示微损伤的产生。

当微弹簧个数趋于无穷大时，并联弹簧可以看作一维连续体。并联弹簧随机损伤模型如图 6-3 所示，图中 h 为材料特征高度，对于普通混凝土，一般取为 3 倍骨料最大粒径[7]。模型中每个弹簧刚度与面积相同，且受力和变形相等，每根弹簧的本构关系假定为弹脆性。引入随机性的概念，用 Δ_i 表示第 i 个弹簧破坏的极限应变，每根弹簧破坏时极限应变服从同一分布的随机变量，即损伤变量为一随机变量。在外力作用下，微弹簧拉应力增加、伸长变形，当微弹簧达到极限断裂应变时，模型中微弹簧断裂即退出工作，外荷载由其余未断裂的弹簧承担。

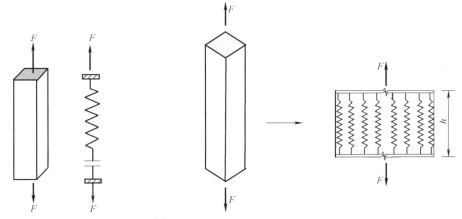

图 6-2　混凝土单轴受拉微观单元示意图[6]　图 6-3　混凝土单轴受拉并联弹簧束随机损伤模型示意图[8]

根据上述模型，定义损伤变量为破坏的弹簧个数与总弹簧数的比值，在任一拉应变状态下，模型均匀受拉，损伤变量可表示为[8]：

$$D(\varepsilon)=\frac{m}{M}=\frac{1}{M}\sum_{i=1}^{M}H(\varepsilon-\Delta_i) \tag{6-16}$$

式中，ε 为应变，m 为断裂破坏的弹簧个数，M 为弹簧总个数，$H(x)$ 为 Heaviside 函数：

$$H(\varepsilon-\Delta_i)=\begin{cases}0 & \varepsilon\leqslant\Delta_i \\ 1 & \varepsilon>\Delta_i\end{cases} \tag{6-17}$$

当微弹簧个数趋于无穷大时，根据随机积分的定义，若 $M\to\infty$ 时，损伤变量可表示为[8]：

$$D(\varepsilon) = \int_0^1 H[\varepsilon - \Delta(x)]\mathrm{d}x \tag{6-18}$$

式中，$\Delta(x)$ 为微弹簧断裂极限应变服从的连续随机分布，一般采用对数正态分布或 Weibull 分布。

式（6-18）表示受拉损伤变量的随机演化。利用随机变量函数的数学期望计算公式可求取损伤变量式的均值和方差。

假定 $\Delta(x)$ 随机场服从的概率密度函数为 $f(\varepsilon, x)$，根据随机变量函数的数学期望表达式，损伤变量的均值表示为[8]：

$$\mu_D(\varepsilon) = E[D(\varepsilon)] = \int_0^\infty \int_0^1 H[\varepsilon - \Delta(x)]f(\varepsilon, x)\mathrm{d}x\mathrm{d}\varepsilon \tag{6-19}$$

式中，$\mu_D(\varepsilon)$ 为随机损伤变量均值，由于上式具有交换性质，交换式（6-19）的积分顺序，得到损伤变量的均值函数[8]：

$$\mu_D(\varepsilon) = \int_0^1 \int_0^\varepsilon f(\varepsilon, x)\mathrm{d}\varepsilon\mathrm{d}x = \int_0^1 F(\varepsilon, x)\mathrm{d}x \tag{6-20}$$

式中，$F(\varepsilon, x)$ 为极限应变在 x 点处的概率分布函数。分布函数 $F(\varepsilon, x)$ 与 x 的位置无关，因此：

$$\mu_D(\varepsilon) = F(\varepsilon) \tag{6-21}$$

假定 $\Delta(x)$ 为服从期望为 μ_Δ、标准差为 σ_Δ 的均匀对数正态分布的随机场，则 $\ln\Delta(x)$ 服从期望为 λ、标准差为 ζ 的正态分布的随机场。λ、ζ 的表达式分别为[9]：

$$\lambda = \ln\varepsilon_t - \xi\Phi^{-1}\left(1 - \frac{\sigma_t}{E\varepsilon_t}\right) \tag{6-22a}$$

$$\zeta = \frac{E\varepsilon_t}{\sigma_t\sqrt{2\pi}}\exp\left\{-\frac{1}{2}\left[\Phi^{-1}\left(1 - \frac{\sigma_t}{E\varepsilon_t}\right)\right]^2\right\} \tag{6-22b}$$

式中，σ_t、ε_t 分别为极限应力和极限应变，$\Phi(x)$ 为标准正态分布函数。

当微弹簧断裂时的极限应变服从对数正态分布时，根据式（6-21）、式（6-22）得到损伤变量均值表达式为：

$$\mu_D(\varepsilon) = F(\varepsilon) = \Phi\left(\frac{\ln(\varepsilon) - \lambda}{\zeta}\right) \tag{6-23}$$

随机损伤变量的方差函数为：

$$V_{D(\varepsilon)}^2 = E[D^2(\varepsilon)] - [\mu_D(\varepsilon)]^2 \tag{6-24}$$

通过积分的可交换性质，损伤变量方差为：

$$V_{D(\varepsilon)}^2 = 2\int_0^1 (1-\gamma)F(\varepsilon, \varepsilon; \gamma)\mathrm{d}\gamma - \mu_D^2(\varepsilon) \tag{6-25}$$

其中，$F(\varepsilon, \varepsilon; \gamma)$ 为联合概率分布函数，表达式为：

$$F(\varepsilon, \varepsilon; \gamma) = \int_0^\varepsilon \int_0^\varepsilon \frac{1}{2\pi\zeta^2 xy\sqrt{1-\rho^2(\gamma)}} \cdot$$

$$\exp\left\{-\frac{1}{2\zeta^2(1-\rho^2(\gamma))}[(\ln x - \lambda)^2 - 2\rho(\gamma)(\ln x - \lambda)(\ln y - \lambda) + (\ln y - \lambda)^2]\right\}\mathrm{d}x\mathrm{d}y$$

$$\tag{6-26}$$

其中，$\ln\Delta(x)$ 的相关函数 $\rho(\gamma)$ 为[8]：

$$\rho(\gamma)=\exp(-\gamma\xi) \tag{6-27}$$

其中，ξ 为与方差有关的参数，式（6-26）积分表达式借助数值积分求解。

事实上，上述损伤变量均值及其方差表达式（6-19）、式（6-25）给出了损伤随机演化发展的过程。混凝土的损伤来源于细观结构的随机断裂，即损伤演化路径是随机变化的，其随机性表现为损伤发展的不确定性和离散性。图 6-4 是给定随机断裂应变随机分布场的损伤均值演化及其加减均方差的例子。从图中可以看到：损伤发展是一个非线性的过程，从本质上解释了混凝土材料非线性产生于损伤的随机演化发展。中间损伤均值曲线即代表确定性损伤发展，由于损伤发展的不规律性，从概率的角度定义损伤变量的方差，建立了确定性损伤与随机损伤之间的关系。

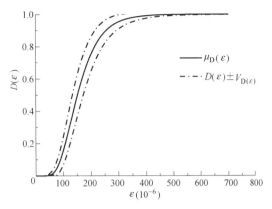

图 6-4 给定断裂应变随机分布的损伤演化曲线

显然，随机损伤模型的应力-应变关系是建立在损伤变量的基础之上的。

损伤模型宏观应力为：

$$\sigma(\varepsilon)=E\varepsilon[1-D(\varepsilon)] \tag{6-28}$$

在给定应变 ε 条件下，应变服从某一概率分布函数，其应力均值 $\mu_\sigma(\varepsilon)$，即 $\mu_D(\varepsilon)=E[D(\varepsilon)]$，由式（6-20）得到：

$$\mu_\sigma(\varepsilon)=\mu_E\varepsilon[1-\mu_D(\varepsilon)] \tag{6-29}$$

类似地，应力的方差根据损伤变量的方差，有：

$$V_\sigma^2(\varepsilon)=\varepsilon^2\{(\mu_E^2+V_E^2)V_D^2(\varepsilon)+V_E^2[1-\mu_D(\varepsilon)]^2\} \tag{6-30}$$

式中，μ_E 和 V_E^2 分别表示弹性模量的均值和方差。损伤变量的均值和方差确定后，即可确定相应的应力均值和方差。

6.2.2 基于耗散能等效原理的随机软化曲线

Cazes[10,11] 研究了用黏聚模型代替损伤模型来分析局部化过程的条件，并利用耗散能等效原理[12] 得到软化曲线。耗散能等效原理即将损伤模型和断裂模型分别用两根长度相同的断裂杆和损伤杆表示，两端受相同拉伸力作用，两根杆具有相同的横截面积和弹性模量，如图 6-5 所示。假定在加载过程中，变形以等应变速率逐渐增加，损伤杆的变形沿杆长均匀分布，断裂杆的非线性变形主要集中在杆中间的黏聚区。损伤杆达到极限应力时断裂杆起裂即黏聚区开始形成，并产生耗散能。假定损伤杆和断裂杆在变形过程中任意瞬时所耗散的能量相等[12]，如式（6-31）所示。

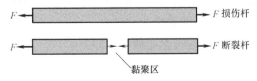

图 6-5 损伤杆模型和断裂杆模型示意图

$$\hat{\Phi} = \overset{\infty}{\Phi} \tag{6-31}$$

式中，$\hat{\Phi}$ 是断裂模型的耗散能，$\overset{\infty}{\Phi}$ 是损伤模型的耗散能。

在断裂模型中，需要区分断裂区即黏聚区的耗散能 $\hat{\Phi}_s$ 以及断裂区以外的耗散能 $\hat{\Phi}_{vol}$，即[10]：

$$\hat{\Phi} = \hat{\Phi}_{vol} + \hat{\Phi}_s \tag{6-32}$$

结合式（6-31）和式（6-32），得到断裂模型黏聚区的耗散能为[10]：

$$\hat{\Phi}_s = \overset{\infty}{\Phi} - \hat{\Phi}_{vol} \tag{6-33}$$

通常情况下，材料发生断裂是由于存在的缺陷相互作用最后并聚为宏观的裂缝而产生的。因此，材料的破坏存在从微观即弥散现象到宏观即局部现象的转变。

局部破坏之前，材料中存在的唯一损伤是弥散损伤，因此在局部化之前，假定 $d\overset{\infty}{\Phi} = d\hat{\Phi}_{vol}$，即[10]：

$$d\hat{\Phi}_s = 0 \tag{6-34}$$

局部破坏之后，黏聚区的裂缝张开位移会使裂缝区附近的材料卸载，因此可以假定 $d\hat{\Phi}_{vol} = 0$，即：

$$d\hat{\Phi}_s = d\overset{\infty}{\Phi} \tag{6-35}$$

由上述结论可建立损伤模型和断裂模型的黏聚区在破坏过程中耗散能关系。

断裂杆黏聚区的耗散能增量表达式为[10]：

$$d\hat{\Phi}_s = \frac{1}{2}(\sigma_s d\omega - \omega d\sigma_s) \tag{6-36}$$

式中，σ_s 为黏聚区的黏聚力，ω 为黏聚区裂缝张开位移。

损伤杆的耗散能增量表达式为[10]：

$$d\overset{\infty}{\Phi} = \int_{\Omega} (-YdD)dV \tag{6-37}$$

式中，Ω 为损伤杆的体积，D 为损伤变量，Y 为损伤能量释放律，其表达式为：

$$Y = -\frac{1}{2}E\varepsilon^2 \tag{6-38}$$

联立式（6-36）和式（6-37）可以建立损伤模型和断裂模型黏聚区的耗散能等效关系。

可根据损伤模型和断裂模型破坏过程中耗散能等效原理来获得混凝土裂缝软化曲线。首先分析两种模型对于解决断裂问题的相似之处，损伤模型利用损伤的面积来模拟材料的破坏，并且裂缝通常由损伤区表示。黏聚模型采用虚拟裂缝来反映局部损伤材料，直到裂缝达到极限宽度，即裂缝之间的拉伸应力为 0 时的宽度。两种方法在破坏过程中耗散的能量是等效的。

为说明获取软化曲线的计算方法，以一维受拉杆为例，如图 6-5 所示，假定两根杆左端固定，在杆的右端即 $x = L$ 处施加给定的位移 u_r。

给定位移 u_r，采用参数 a 控制线性加载率，即：

$$u_r = \varepsilon L \tag{6-39}$$

式中，$\varepsilon = at$，a 为参数。

令弹簧破坏时的极限应变服从对数正态分布，损伤杆的损伤变量为：

$$D(\varepsilon) = \Phi\left[\frac{\ln(\varepsilon) - \lambda}{\xi}\right] \tag{6-40}$$

可得随机损伤本构关系：

$$\sigma(\varepsilon) = E\varepsilon\left[1 - D(\varepsilon)\right] \tag{6-41}$$

定义 ε_t 是弥散破坏状态向局部破坏状态转变的应变，即极限应变，联立式（6-37）、式（6-38）和式（6-40），可以得到损伤杆的耗散能增量表达式[10]。

$$\mathrm{d}\overset{\infty}{\Phi} = 0 \qquad \varepsilon \leqslant \varepsilon_t \tag{6-42}$$

$$\mathrm{d}\overset{\infty}{\Phi} = \frac{1}{2}E\varepsilon^2 L\frac{m}{\varepsilon_0}e^{-\left(\frac{\varepsilon}{\varepsilon_0}\right)^m}\left(\frac{\varepsilon}{\varepsilon_0}\right)^{m-1}\mathrm{d}\varepsilon \qquad \varepsilon > \varepsilon_t \tag{6-43}$$

令 $\breve{\sigma}$ 表示黏聚区附近材料的应力，此部分结构的平衡可表示为：

$$\sigma_s = \breve{\sigma} \tag{6-44}$$

由于黏聚区附近的材料是线弹性的，因此，得到 σ_s 和 $\breve{\sigma}$ 的表达式：

$$\sigma_s = \breve{\sigma} = \frac{u_r - \omega}{L}E \tag{6-45}$$

获得损伤杆以及断裂杆的耗散能表达式后，联立上述式子，可得断裂杆黏聚区的裂缝宽度增量表达式：

$$\mathrm{d}\omega = 0 \qquad \varepsilon \leqslant \varepsilon_t \tag{6-46}$$

$$\mathrm{d}\omega = \left[\frac{u_r^2}{t}L\frac{m}{\varepsilon_0}e^{-\left(\frac{u_r}{\varepsilon_0}\right)^m}\left(\frac{u_r}{\varepsilon_0}\right)^{m-1} + \frac{\omega}{t}\right]\mathrm{d}t \qquad \varepsilon > \varepsilon_t \tag{6-47}$$

根据损伤杆、断裂杆耗散能表达式（6-36）、式（6-37），将损伤杆和断裂杆单位长度耗散能分别用图 6-6 和图 6-7 中阴影部分表示。

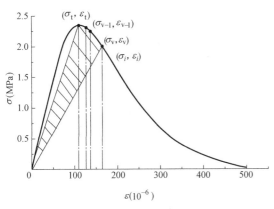

图 6-6　损伤模型耗散能示意图

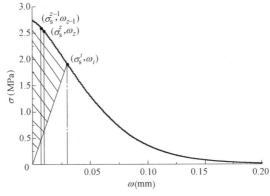

图 6-7　断裂模型耗散能示意图

根据图 6-6 和图 6-7 中阴影部分面积相等，建立断裂杆黏聚区黏聚力与裂缝张开位移的表达式，即软化曲线：

$$\omega_i = 2 \times \sum_{z=1}^{i-1} \omega_z \left(\frac{\sigma_{z+1} - \sigma_z}{\sigma_i} \right) + 2 \times \frac{\Phi_i}{\sigma_i} \tag{6-48}$$

式中，ω_z 为断裂杆在第 z 步的裂缝宽度；σ_i 为断裂杆黏聚区在第 i 步的黏聚力；σ_z，σ_{z+1} 为断裂杆黏聚区在第 z 步、第 $z+1$ 步的黏聚力。

6.2.3　实例

根据上节所述软化曲线获取方法，计算了大坝混凝土、湿筛混凝土本构曲线均值。对于大坝混凝土，模型参数 $\lambda=4.75$、$\zeta=0.55$、$\xi=1896$；对于湿筛混凝土，$\lambda=5.15$、$\zeta=0.56$、$\xi=257$。图 6-8 为计算得到的应力-应变曲线与试验结果的对比。此外，计算了大坝混凝土和湿筛混凝土取不同模型参数时的应力-应变均值曲线，分别如图 6-9～图 6-11 所示。

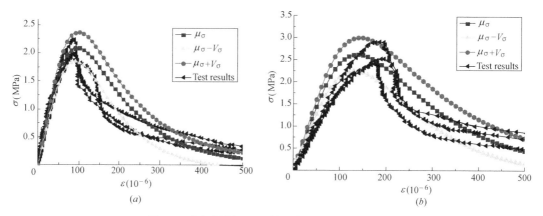

图 6-8　大坝混凝土、湿筛混凝土的应力-应变曲线
（a）大坝混凝土；（b）湿筛混凝土

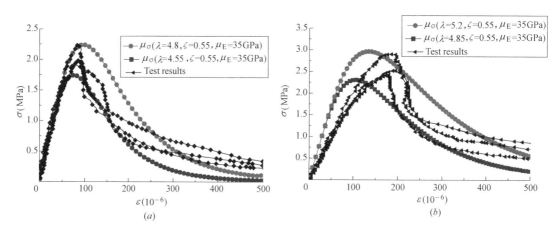

图 6-9　模型参数 λ 对本构关系曲线的影响
（a）大坝混凝土；（b）湿筛混凝土

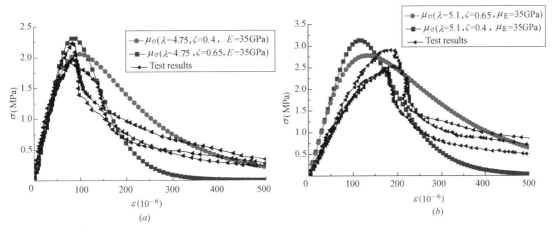

图 6-10 模型参数 ζ 对本构关系曲线的影响

（a）大坝混凝土；（b）湿筛混凝土

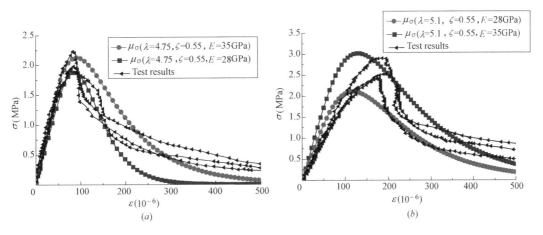

图 6-11 模型参数 μ_E 对本构关系曲线的影响

（a）大坝混凝土；（b）湿筛混凝土

6.3 裂缝随机扩展分析

6.3.1 计算模型

根据前面所述的混凝土裂缝软化曲线的计算方法，以图 6-12 所示的三点弯曲梁为例分析混凝土裂缝扩展全过程。图中 D 为梁高，B 为厚度，S 为梁的有效跨度，a_0 为初始缝长，P 为外荷载。裂缝扩展过程中形成黏聚裂缝，a 为有效裂缝长度，σ 为黏聚力分布。

利用线性叠加原理，图 6-12 中所示荷载可分解为外荷载 P 和黏聚力 σ 两部分，外荷载 P 和裂缝张开位移 COD 的表达式可根据下面分析得到。

考虑虚拟裂缝模型的裂缝扩展准则，即裂缝尖端应力强度因子为零。因此，缝端应力

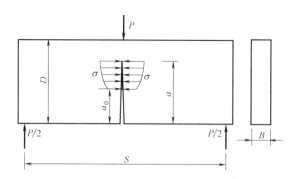

图 6-12　考虑黏聚力的三点弯曲梁模型

强度因子 K_I 为外荷载产生的应力强度因子 K_I^P 与断裂过程区上的黏聚力产生的应力强度因子 K_I^σ 之和：

$$K_I = K_I^P + K_I^\sigma = 0 \tag{6-49}$$

外荷载在有效裂缝尖端产生的应力强度因子表达式为[13]：

$$K_I^P = \frac{1.5(P+W/2)S}{BD^2}\sqrt{a}\, F(a/D) \tag{6-50}$$

式中，W 为梁等效自重荷载。$F(a/D)$ 为形状因子，在 $S/B=4$ 的条件下。

$$F(a/D) = \frac{1.99 - a/D(1-a/D)[2.15 - 3.93a/D + 2.7(a/D)^2]}{(1+2a/D)(1-a/D)} \tag{6-51}$$

对任意的 a/D，式（6-51）在 0.5% 的误差范围内。

黏聚力在裂缝尖端产生的应力强度因子可采用无限长条板的应力强度因子近似计算[14]，其表达式为[13]：

$$K_I^\sigma = -\int_{a_0}^{a} \frac{2\sigma(b)}{\sqrt{\pi a}} \frac{G(b/a, a/D)}{(1-a/D)^{3/2}\sqrt{1-(b/a)^2}} \mathrm{d}b \tag{6-52}$$

其中，$G\left(\dfrac{b}{a}, \dfrac{a}{D}\right)$ 可由下列表达式表示：

$$G\left(\frac{x}{\xi}, \frac{\xi}{D}\right) = g_1\left(\frac{\xi}{D}\right) + g_2\left(\frac{\xi}{D}\right)\frac{x}{\xi} + g_3\left(\frac{\xi}{D}\right)\left(\frac{x}{\xi}\right)^2 + g_4\left(\frac{\xi}{D}\right)\left(\frac{x}{\xi}\right)^3 \tag{6-53a}$$

式中，

$$g_1\left(\frac{\xi}{D}\right) = 0.46 + 3.06\frac{\xi}{D} + 0.84\left(1-\frac{\xi}{D}\right)^5 + 0.66\left(\frac{\xi}{D}\right)^2\left(1-\frac{\xi}{D}\right)^2 \tag{6-53b}$$

$$g_2\left(\frac{\xi}{D}\right) = -3.52\left(\frac{\xi}{D}\right)^2 \tag{6-53c}$$

$$g_3\left(\frac{\xi}{D}\right) = 6.17 - 28.22\frac{\xi}{D} + 34.54\left(\frac{\xi}{D}\right)^2 - 14.39\left(\frac{\xi}{D}\right)^3 - \left(1-\frac{\xi}{D}\right)^{\frac{3}{2}} -$$
$$5.88\left(1-\frac{\xi}{D}\right)^5 - 2.64\left(\frac{\xi}{D}\right)^2\left(1-\frac{\xi}{D}\right)^2 \tag{6-53d}$$

$$g_4\left(\frac{\xi}{D}\right) = -6.63 + 25.16\frac{\xi}{D} - 31.04\left(\frac{\xi}{D}\right)^2 + 14.41\left(\frac{\xi}{D}\right)^3 - 2\left(1-\frac{\xi}{D}\right)^{\frac{3}{2}} +$$
$$5.04\left(1-\frac{\xi}{D}\right)^5 + 1.98\left(\frac{\xi}{D}\right)^2\left(1-\frac{\xi}{D}\right)^2 \qquad (6\text{-}53e)$$

将式（6-51）、式（6-53）代入式（6-50），得到外荷载表达式为：

$$P = \frac{2BD^2}{3S\sqrt{a}F(a/D)}\int_{a_0}^{a}\frac{2\sigma(b)}{\sqrt{\pi a}}\frac{G(b/a, a/D)}{(1-a/D)^{3/2}\sqrt{1-(b/a)^2}}\mathrm{d}b - \frac{W}{2} \qquad (6\text{-}54)$$

同理，裂缝张开位移 $\delta(x)$ 亦可由外荷载 P 产生的位移 $\delta_1(x)$ 和黏聚力产生的位移 $\delta_2(x)$ 线性叠加而成，如下式：

$$\delta(x) = \delta_1(x) + \delta_2(x) \qquad (6\text{-}55)$$

式中，$a_0 \leqslant x \leqslant a$。$\delta_1(x)$ 和 $\delta_2(x)$ 可根据 Paris 位移公式[13] 求得，其表达式分别为：

$$\delta_1(x) = \frac{2}{E'}\int_{x}^{a}\frac{3(P+W/2)S}{\sqrt{\pi}BD^2}F\left(\frac{\xi}{D}\right)\frac{G(x/\xi, \xi/D)}{(1-\xi/D)^{3/2}\sqrt{1-(x/\xi)^2}}\mathrm{d}\xi \qquad (6\text{-}56a)$$

$$\delta_2(x) = -\frac{2}{E'}\int_{x}^{a}\frac{2}{\sqrt{\pi\xi}}\frac{G(x/\xi, \xi/D)}{(1-\xi/D)^{3/2}\sqrt{1-(x/\xi)^2}}\mathrm{d}\xi\int_{a_0}^{\xi}\frac{2\sigma(b)}{\sqrt{\pi\xi}}\frac{G(b/\xi, \xi/D)}{(1-\xi/D)^{3/2}\sqrt{1-(b/\xi)^2}}\mathrm{d}b$$
$$(6\text{-}56b)$$

对于平面应力 $E' = E$，对于平面应变 $E' = E(1-\nu^2)$，E 为混凝土弹性模量，ν 为泊松比。

联立式（6-54）、式（6-55）和软化曲线可得裂缝扩展过程中关于有效裂缝长度 a、外荷载 P、裂缝张开位移及黏聚力分布的耦合控制方程。

6.3.2 计算步骤

从前述外荷载（P）和裂缝张开位移（$CMOD$）的计算方法可知，利用数值算法模拟混凝土裂缝扩展全过程通常分为起裂前和起裂后两个阶段[15]。在裂缝起裂前，采用荷载控制方式，断裂过程直接采用线弹性断裂力学公式计算。起裂后以裂缝有效长度作为加载方式，计算每一步有效裂缝长度 a 对应的裂缝张开位移和外荷载等参数，当裂缝有效裂缝长度达到试件边界时，终止计算。

以给定有效裂缝长度 a 为例，基于数值迭代方法进行求解，基本计算步骤如下：

(1) 给定裂缝扩展长度 Δa 的值。

(2) 计算有效裂缝长度 $a(a = a_0 + \Delta a)$。

(3) 采用下述的迭代步骤求解控制方程式（6-54）、式（6-55）和软化曲线。

① 给定断裂过程区的裂缝张开位移初始值，例如：$\delta_0(x) = 0$，$a_0 \leqslant x < a$。

② 利用软化曲线计算黏聚力分布。

③ 根据式（6-54）计算外荷载 P。

④ 根据计算得到的新的黏聚力和外荷载 P 由式（6-55）计算新的裂缝张开位移 $\delta_i(x)$。

⑤ 如果计算得到的 $\delta_i(x)$ 满足条件 $\max|\delta_i(x) - \delta_{i-1}(x)|_{a_0 \leqslant x < a} < \Delta$（$\Delta$ 为容

差），则迭代收敛，否则重复②～④进行迭代计算。

（4）采用式（6-55）计算裂缝口张开位移 CMOD。

（5）增加裂缝扩展长度 Δa 的值，转到步骤 2 继续计算。

当裂缝尖端扩展到试件边缘，即 a 等于 D 时停止计算。其中，式（6-54）和式（6-55）中的奇异积分采用高斯-切比雪夫积分公式。

6.3.3 利用软化曲线模拟裂缝随机扩展过程

由上节所述方法计算了大坝混凝土和湿筛混凝土的软化曲线，如图 6-13 所示。基于获得的软化曲线和本节所述模拟裂缝扩展全过程的方法，模拟了大坝混凝土、湿筛混凝土 P-CMOD 曲线，如图 6-14 所示。此外，结合蒙特卡罗方法获得了 20 条软化曲线，分别模拟大裂缝扩展全过程，计算结果如图 6-15 所示。计算结果表明 20 条曲线均包括在图 6-14 中曲线的上、下限中。

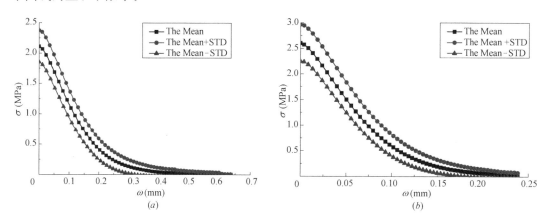

图 6-13 大坝混凝土和湿筛混凝土软化曲线

（a）大坝混凝土；（b）湿筛混凝土

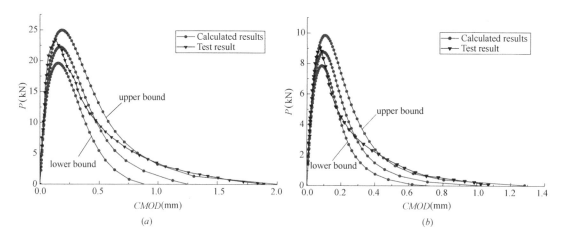

图 6-14 大坝混凝土和湿筛混凝土 P-CMOD 曲线上、下限

（a）大坝混凝土；（b）湿筛混凝土

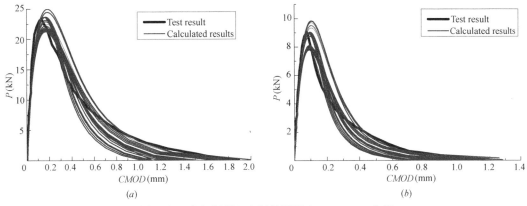

图 6-15　大坝混凝土和湿筛混凝土 P-$CMOD$ 曲线

（a）大坝混凝土；（b）湿筛混凝土

6.4　基于串并联弹簧模型的软化曲线

6.3 节基于并联弹簧随机损伤模型获取了裂缝软化曲线，并给出了基于得到的软化曲线模拟裂缝扩展的方法及过程。在并联弹簧模型基础上，李杰等[16] 人提出了单轴受拉随机损伤模型，将单层的平行单元模型延伸至多层，用串并联的弹脆性弹簧模型来模拟混凝土及其破坏机理，更好地描述了应力跌落等软化现象。应力跌落即在临界状态之后，如果试件的宏观应变有微小增加，则试件中某一个单元体的应变会迅速增加，产生局部化破坏，损伤在此单元体中急剧发展，形成主裂纹单元体，承担的名义应力迅速下降，形成跌落，并在极短的时间内达到新的平衡，应力跌落终止。本节基于串并联弹簧随机损伤模型获取裂缝软化曲线及裂缝扩展分析。

6.4.1　串并联弹簧随机损伤模型

如图 6-16 所示，串并联弹簧随机损伤模型由 N 个典型单元体（典型单元体由无数个

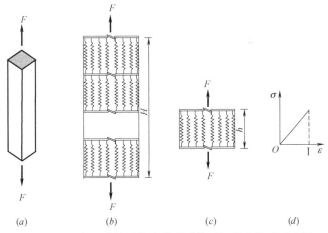

图 6-16　混凝土单轴受拉串并联弹簧随机损伤模型示意图

（a）试件；（b）试件单元；（c）典型单元体；（d）微弹簧本构关系

等间距并联的弹簧组成）串联而成[8,17-19]。模型中的每个典型单元体和 6.2.1 节所述的并联弹簧随机损伤模型相同，串并联弹簧模型的高度为 $H=Nh$，其中 N 为典型单元体的个数。模型中每个微弹簧的特性和并联弹簧随机损伤模型的微弹簧特性相同。

　　从模型来看，串并联弹簧模型是并联弹簧模型的一个延伸与组合，先并联再串联。由于模型中每个弹簧代表细观单元，其应力-应变关系即为非线性关系，这样可有效地描述混凝土带有软化段的非线性行为。图 6-16 中模型引入了两个方向的相关性：横向相关性，即细观弹簧单元之间的相互作用，可以通过随机场相关结构描述；竖向相关性，即细观单元竖向相互作用，可以通过非局部化概念反映。

6.4.2　位移等效方法

　　传统的获取软化曲线的方法是位移等效方法，即利用混凝土直接拉伸试验测得其软化曲线[20-22]，这种方法具有简便明了的特点，但是获得混凝土直接拉伸应力应变全曲线对试验装置及操作过程要求较高。

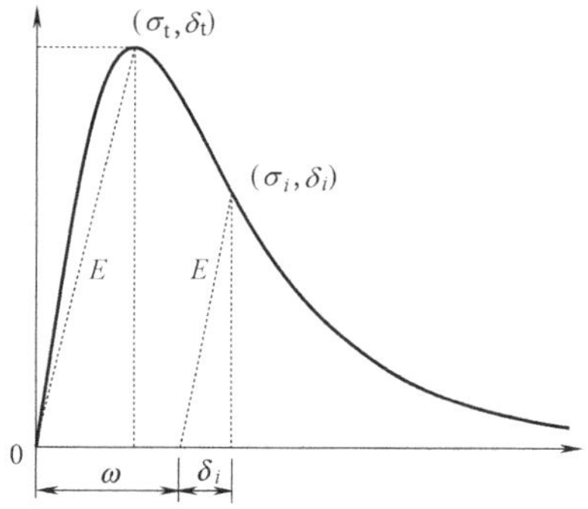

　　一般实验室的直接拉伸试验可得到如图 6-17 所示的混凝土本构关系。根据单轴拉伸试验可知，应力达到峰值后，某一横截面不能承受更多的应力，这就意味着达到峰值应力后，此截面会产生附加的变形，而此截面外的材料会弹性卸载。因此，将单轴拉伸变形分解为两部分如图 6-18 所示，一部分是断裂区的附加变形，另一部分是断裂区外的变形：

图 6-17　混凝土本构关系示意图

$$\Delta l = \delta + w \tag{6-57}$$

式中，Δl 为混凝土直接拉伸总变形，w 为断裂区变形，δ 为断裂区外的弹性变形。

　　试件加载过程中，弹性变形 δ 可由下式计算：

$$\delta = \frac{\sigma}{E} l \tag{6-58}$$

式中，l 为试件原长度。

　　由直接拉伸试件本构关系，参照图 6-18 得到裂缝张开宽度 w 为：

$$w = \Delta l - \delta \tag{6-59}$$

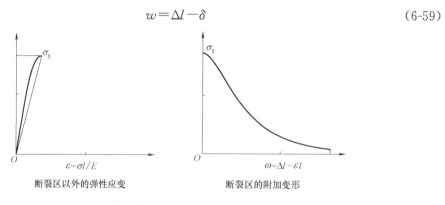

断裂区以外的弹性应变　　　　　　　　断裂区的附加变形

图 6-18　位移等效方法求解软化曲线示意图

6.4.3 基于耗散能等效与位移等效方法的软化曲线比较

在本书前面6.2节已经介绍了基于并联弹簧模型，采用耗散能等效原理获取软化曲线的方法，本节基于串并联弹簧模型，采用耗散能等效原理获取软化曲线的方法类似，下面先简单介绍一下。

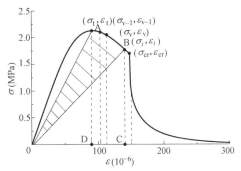

图 6-19 损伤杆耗散能示意图

串并联弹簧束随机损伤模型在临界状态前，主裂纹单元体和非主裂纹单元体的应变相同，每个单元体产生的耗散能也相同，而临界应变后，在外力的作用下，主裂纹的应变会迅速增加，耗散能也随之继续产生，其他非主裂纹单元体因卸载而不继续产生耗散能。

根据式（6-37），可将损伤杆单位面积耗散能用图6-19中阴影部分的面积表示。

当弹簧模型层数 $n>1$ 时，极限应变前，损伤杆的耗散能仍由式（6-37）表示，即其耗散能值为零。临界应变之前，主裂纹单元体耗散能和 $n-1$ 个非主裂纹单元体耗散能都随其应变的增加而增加，总耗散能为两部分耗散能之和：

$$\overset{\infty}{\varPhi_i}=(n-1)h\left(h_i'+\frac{\varepsilon_t\times\sigma_t}{2}-\frac{\varepsilon_i'\times\sigma_i'}{2}\right)+h\left(\hat{h}_i+\frac{\varepsilon_t\times\sigma_t}{2}-\frac{\hat{\varepsilon}_i\times\hat{\sigma}_i}{2}\right) \tag{6-60}$$

式中，ε_i'、σ_i'、$\hat{\varepsilon}_i$、$\hat{\sigma}_i$ 别为损伤杆在第 i 步的非主裂纹单元体应变，非主裂纹单元体应力，主裂纹单元体应变，主裂纹单元体应力；h_i' 为 (σ_t,ε_t)、$(\sigma_i',\varepsilon_i')$、$(0,\varepsilon_i')$、$(0,\varepsilon_t)$ 四点包围的面积；$\hat{h}_i$ 为 (σ_t,ε_t)、$(\hat{\sigma}_i,\hat{\varepsilon}_i)$、$(0,\hat{\varepsilon}_i)$、$(0,\varepsilon_t)$ 四点包围的面积。

临界应变之后，主裂纹单元体耗散能继续增加，其他部分因卸载耗散能不再增加，损伤杆总耗散能为主裂纹单元体耗散能和 $n-1$ 个非主裂纹单元体在临界状态时的耗散能之和。

$$\overset{\infty}{\varPhi_i}=(n-1)h\left(h_{er}+\frac{\varepsilon_t\times\sigma_t}{2}-\frac{\varepsilon_{er}\times\sigma_{er}}{2}\right)+h\left(\hat{h}_i+\frac{\varepsilon_t\times\sigma_t}{2}-\frac{\hat{\varepsilon}_i\times\hat{\sigma}_i}{2}\right) \tag{6-61}$$

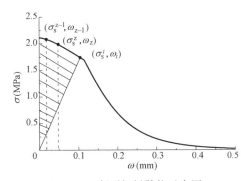

图 6-20 断裂杆耗散能示意图

式中，σ_{er} 为损伤杆的临界应力；h_{er} 为 (σ_t,ε_t)、$(\sigma_{er},\varepsilon_{er})$、$(0,\varepsilon_t)$、$(0,\varepsilon_{er})$ 四点包围的面积。

根据式（6-36），断裂杆的耗散能可由图6-20中阴影部分的面积所示，得到损伤杆的耗散能后，另两个式子相等，即可得到断裂杆的软化曲线，仍由式（6-48）表示。

根据前述的耗散能等效与位移等效获取软化曲线的计算方法，现在对比两种方法得到的软化曲线的区别。

以骨料粒径为80mm的大坝混凝土为例[23]，选取材料特征高度为3倍骨料最大粒径，采用耗散能等效方法和位移等效方法计算大坝混凝土的软化曲线。

现取不同弹簧模型层数 n 的值分析软化曲线的变化情况。按照前述软化曲线计算方法，当 $n=1$ 时，分别采用耗散能等效方法和位移等效方法获得的软化曲线如图 6-21 所示；当 $n>1$ 时，基于 Weibull 分布得到的软化曲线如图 6-22 所示，基于对数正态分布得到的软化曲线如图 6-23 所示。

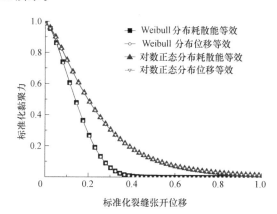

图 6-21　软化曲线（$n=1$）

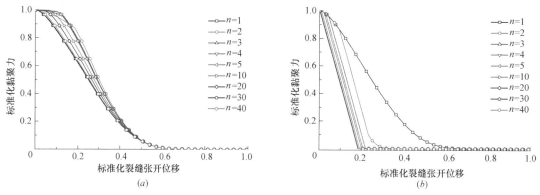

图 6-22　断裂应变服从 Weibull 分布时的软化曲线
（a）耗散能等效方法；（b）位移等效方法

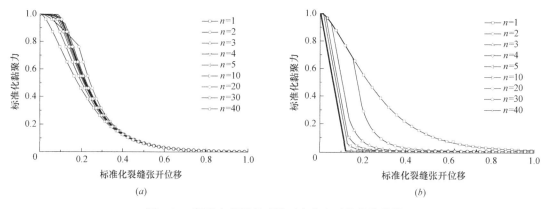

图 6-23　断裂应变服从对数正态分布时的软化曲线
（a）耗散能等效方法；（b）位移等效方法

图 6-21 可以看出，串并联模型层数为 1 时，采用耗散能等效方法与采用位移等效方法获得的软化曲线相同；由图 6-22、图 6-23 可以看出，模型层数大于 1 时，采用耗散能等效方法获得的软化曲线不依赖于弹簧模型层数，而采用传统的位移等效方法获得的软化曲线受模型层数影响较大。因此，在应用串并联弹簧模型时，采用耗散能等效方法计算软化曲线能避免模型层数敏感性问题。

关于串并联弹簧模型层数对混凝土裂缝扩展全过程的影响，其模拟计算方法与前述 6.3.1 节相同，根据上述两种方法计算得到的软化曲线模拟裂缝扩展全过程，如图 6-24 所示。计算结果表明：采用耗散能等效方法获得的软化曲线模拟裂缝扩展时，随着模型层数增加，荷载-裂缝张开位移（P-CMOD）曲线逐渐逼近层数为 1 的情况，即荷载-裂缝张开位移曲线几乎不受串并联弹簧模型影响，而采用传统位移等效方法获得的软化曲线计算得到的结果受模型层数影响较大。

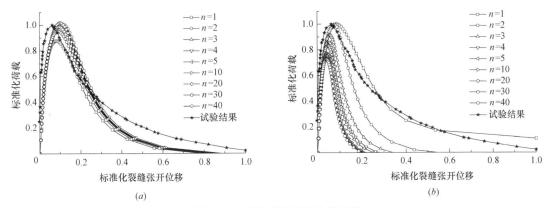

图 6-24　荷载-裂缝张开位移曲线
(a) 耗散能等效方法；(b) 位移等效方法

参考文献

[1] 余寿文. 断裂损伤与细观力学，力学与实践，1988 年第 6 期.

[2] Karihaloo B L，Xiao Q Z. Higher order terms of the crack tip asymptotic field for a notched three-point bend beam. International Journal of Fracture，2001，112（2）：111-128.

[3] 胡若邻，黄培彦，郑顺潮. 混凝土断裂过程区尺寸的理论推导. 工程力学，2010，27（6）：127-132.

[4] 段树金，张彦龙，安蕊梅. 基于裂纹尖端二阶弹性解的断裂过程区尺度. 应用数学和力学，2013，34（6）：598-605.

[5] 李朝红. 基于损伤断裂理论的混凝土破坏行为研究. 成都：西南交通大学，2012.

[6] 李杰，张其云. 混凝土随机损伤本构关系. 同济大学学报（自然科学报），2001，29（10）：1135-1141.

[7] Bažant Z P，Oh B H. Crack band theory for fracture of concrete. Materials and Structure，1983，16：155-177.

[8] Kandarpa S，Kirkner D J，Spencer B F. Stochastic damage model for brittle materials subjected to

monotonic loading. Journal of Engineering Mechanics，1996，(8)：788-795.

［9］刘智光，陈建云，白卫峰. 基于随机损伤模型的混凝土轴拉破坏过程研究. 岩石力学与工程学报，2009，28 (10)：2048-2058.

［10］Cazes F，Coret M，Combescure A，et al. A thermodynamic method for the construction of a cohesive law from a nonlocal damage model. International Journal of Solids and Structures，2009，46 (6)：1476-1490.

［11］Cazes F，Simatos A，Coret M，et al. A cohesive zone model which is energetically equivalent to a gradient-enhanced coupled damage-plasticity model. European Journal of Mechanics，2010，29 (6)：976-989.

［12］Mazars J，Pijaudier C G. From damage to fracture mechanics and conversely：a combined approach. International Journal of Solids and Structures，1996，33 (20/21/22)：3327-3342.

［13］Tada H，Paris P C，Irwin G. The Stress Analysis of crack handbook. New York：ASME Press；2000.

［14］Jenq Y S，Shah S P. A fracture toughness criterion for concrete. Engineering Fracture Mechanics，1985，21：1055-1069.

［15］管俊峰，卿龙邦，赵顺波. 混凝土三点弯曲梁裂缝断裂全过程数值模拟研究. 计算力学学报，2013，30 (1)：143-148.

［16］李杰，吴建营，陈建兵. 混凝土随机损伤力学. 北京：科学出版社，2014.

［17］Daniels H E. The statistical theory of the strength of bundles of threads. Proceedings of the Royal Society A：Mathematical，Physical and Engineering Sciences，1945，183：405-435.

［18］Krajcinovic D，Manuel A G S. Statistical aspects of the continuous damage theory. International Journal of Solids and Structures，1982，18 (7)：551-562.

［19］Breysse D. Probabilistic formulation of damage-evolution law of cementious composites. Journal of Engineering Mechanics，1990，116 (7)：1489-1511.

［20］Hillerborg A. The theoretical basis of method to determine the fracture energy G_f of concrete. Materials and Structures，1985，18 (106)：291-296.

［21］Reinhardt H W，Cornelissen A W，Hordijk D A. Tensile tests and failure analysis of concrete. Journal of Structure Engineering，1986，112：2462-2477.

［22］Hordijk D A，Reinhardt H W，Cornelissen A W. Fracture mechanics parameters of concrete from uniaxial tensile tests as influenced by specimen length. Fracture Mcchanics of Concrete and Rock，1987，138-149.

［23］赵志方. 基于裂缝黏聚力的大坝混凝土断裂特性研究［博士后研究报告］. 北京：清华大学，2004.

110

第7章 混凝土断裂极值理论

7.1 断裂极值理论框架

7.1.1 黏聚裂缝

将断裂过程区视为能传递应力的黏聚裂缝，如图 7-1 所示，其中 P 为外荷载，$CMOD$ 为裂缝嘴张开位移，$CTOD$ 为裂缝尖端张开位移，a_0 为初始裂缝长度。对于混凝土等准脆性材料而言，其典型的 P-$CMOD$ 曲线如图 7-2 所示。静载条件下，准脆性材料的 P-$CMOD$ 曲线呈非线性。在峰值状态，P 到达峰（临界）值 P_{max}，裂缝尖端张开位移 $CTOD$，裂缝嘴张开位移 $CMOD$ 和有效裂缝扩展长度 Δa 等均达到其临界值，在此之后 P 随 $CMOD$ 的增大而降低。

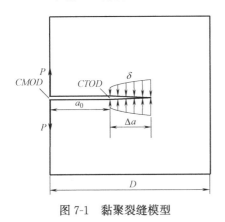

图 7-1 黏聚裂缝模型

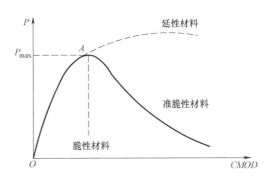

图 7-2 准脆性断裂的标准 P-$CMOD$ 曲线

假定有效裂缝尖端的黏聚力大小为抗拉强度 f_t，初始裂缝尖端处的黏聚力大小与裂缝尖端张开位移满足拉伸软化曲线[1]。断裂过程区上的黏聚力可采用任意假定的分布形式，当采用线性曲线时，如式 (7-1) 所示。

$$\sigma(x) = \sigma(CTOD) + [f_t - \sigma(CTOD)]\frac{x - a_0}{a - a_0} \qquad (7-1)$$

式中，$\sigma(CTOD)$ 为裂缝尖端处的黏聚力。

7.1.2 裂缝扩展准则

混凝土裂缝扩展通常采用两种不同的断裂力学准则描述[2]：强度准则和起裂韧度准则。用式 (7-2) 表示这两个准则：

$$K_{\mathrm{I}}=\begin{cases}0 & \text{强度准则}\\ K_{\mathrm{I}}^{\mathrm{ini}} & \text{起裂韧度准则}\end{cases} \tag{7-2}$$

式中，K_{I} 和 $K_{\mathrm{I}}^{\mathrm{ini}}$ 分别表示裂缝尖总的应力强度因子和起裂韧度。

结合黏聚裂缝，两个不同扩展准则在裂缝尖端的应力状态如图 7-3 所示。这两个扩展准则均可以有效地模拟混凝土裂缝扩展全过程。

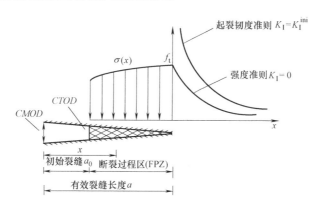

图 7-3　基于不同标准的裂缝尖端的应力状态

采用强度准则时，$K_{\mathrm{I}}=0$。将裂缝尖端应力达到混凝土抗拉强度作为裂缝起裂和扩展的条件，裂缝的扩展方向与最大主拉应力方向垂直。由图 7-3 可知裂缝尖端的应力值为混凝土抗拉强度 f_{t}。基于此类准则，学者们开展了大量的断裂全过程及断裂过程区特性研究[3-6]。

采用起裂韧度准则时，$K_{\mathrm{I}}=K_{\mathrm{I}}^{\mathrm{ini}}$。将裂缝起裂时裂缝尖端的应力强度因子定义为起裂韧度[7]，并将其作为裂缝扩展的判别准则。起裂韧度准则认为当外荷载引起的应力强度因子 $K_{\mathrm{I}}^{\mathrm{P}}$ 与黏聚力产生的应力强度因子 $K_{\mathrm{I}}^{\mathrm{c}}$ 之和等于其裂韧度 $K_{\mathrm{I}}^{\mathrm{ini}}$ 时，裂缝起裂。即，$K_{\mathrm{I}}^{\mathrm{P}}+K_{\mathrm{I}}^{\mathrm{c}}<K_{\mathrm{I}}^{\mathrm{ini}}$ 时，裂缝不起裂；$K_{\mathrm{I}}^{\mathrm{P}}+K_{\mathrm{I}}^{\mathrm{c}}=K_{\mathrm{I}}^{\mathrm{ini}}$ 时，裂缝起裂扩展。目前该准则已被应用于裂缝扩展全过程[8-10]、断裂过程区特性[11]、失稳韧度的确定方法[12] 等研究。

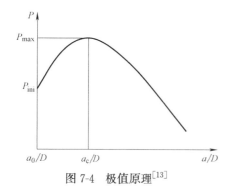

图 7-4　极值原理[13]

7.1.3　极值方法

以起裂韧度准则为例，图 7-4 为裂缝扩展 P-a 曲线，随着裂缝开始扩展，裂缝长度 a 逐渐增加，裂缝开始非线性扩展，外荷载 P 非线性增大。当 P 达到峰值荷载 $P_{\max}$ 时，裂缝长度 a 达到临界裂缝长度 a_{c}。临界状态过后，外荷载 P 随 a 的增加逐渐减小。由极值理论模型假设可知，$P(a)$ 在裂缝扩展任一点处均可导。于是 P-a 曲线在 $P_{\max}$ 处存在极值点，由极值原理可得到：

$$\frac{\partial P}{\partial a}\bigg|_{a=a_{\mathrm{c}}}=0 \tag{7-3}$$

7.2 断裂极值理论的初步应用

7.2.1 预测混凝土断裂破坏

楔入劈拉试件广泛应用于混凝土断裂试验中，其几何尺寸如图 7-5 所示。

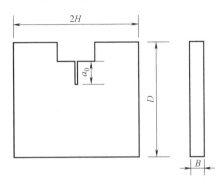

图 7-5 楔入劈拉试件的几何尺寸

楔入劈拉试件的外荷载可以用有效裂缝长度表示：

$$P = \frac{B\sqrt{D}}{k(\alpha)} \int_{a_0}^{a} \frac{2\sigma(b)}{\sqrt{\pi a}} \cdot F\left(\frac{b}{a}, \frac{a}{D}\right) \mathrm{d}b \tag{7-4}$$

式中，σ 是黏聚力，B 和 D 分别是试件的厚度和高度，$\alpha = a/D$，$F\left(\dfrac{b}{a}, \dfrac{a}{D}\right)$ 和 $k(\alpha)$ 分别是与黏聚力引起的应力强度因子和外荷载有关的形状因素。$k(\alpha)$ 可以计算如下[14]：

$$k(\alpha) = \frac{(2+\alpha)(0.886 + 4.64\alpha - 13.32\alpha^2 + 14.72\alpha^3 - 5.6\alpha^4)}{(1-\alpha)^{3/2}} \tag{7-5}$$

采用线性黏聚力假设[15] 来简化式（7-4）中各式的计算，并采用 Kumar 和 Barai[16,17] 的权函数方法计算线性分布的黏聚力，外荷载的表达式（7-4）可以简化如下：

$$P = \frac{2B\sqrt{D}}{k(\alpha)\sqrt{2\pi a}} g(a) \tag{7-6}$$

其中，$g(\alpha)$ 可以用四项权函数解析表达如下[16]：

$$g(a) = A_1 a\left(2s^{1/2} + M_1 s + \frac{2}{3}M_2 s^{3/2} + \frac{M_3}{2}s^2\right) +$$

$$A_2 a^2 \left\{\frac{4}{3}s^{3/2} + \frac{M_1}{2}s^2 + \frac{4}{15}M_2 s^{5/2} + \frac{M_3}{6}\left[1 - \left(\frac{a_0}{a}\right)^3 - 3s\frac{a_0}{a}\right]\right\} \tag{7-7}$$

式中，$A_1 = \sigma_s(CTOD)$，$A_2 = \dfrac{f_t - \sigma_s(CTOD)}{a - a_0}$，$s = 1 - \dfrac{a_0}{a}$，$M_1$，$M_2$，和 M_3 用 a 的多项式表示[17]。

初始裂缝尖端应力和裂缝张开位移满足采用 Reinhardt[18] 提出的软化曲线：

$$\sigma_s(CTOD) = f_t\left\{\left[1 + \left(\frac{c_1 CTOD}{w_0}\right)^3\right]\exp\left(\frac{-c_2 CTOD}{w_0}\right) - \frac{CTOD}{w_0}(1 + c_1^3)\exp(-c_2)\right\} \tag{7-8}$$

式中，f_t 是拉应力，且参数 $c_1 = 3$，$c_2 = 6.93$，$w_0 = 160\mu m$。$CTOD$ 用外荷载和黏聚力引起的位移之和进行计算。

根据 Paris 的位移公式[19]，$CTOD$ 可以表示如下：

$$CTOD = \frac{2}{E}\int_{a_0}^{a}\frac{P}{B\sqrt{D}}k\left(\frac{\xi}{D}\right)m(a_0, \xi)\mathrm{d}\xi - \frac{2}{E}\int_{a_0}^{a}\frac{2}{\sqrt{2\pi\xi}}g(\xi)m(\xi, a)\mathrm{d}\xi \quad (7\text{-}9)$$

式中，E 是弹性模量；$m(x, a)$ 可以用四项权函数公式表达如下[16]：

$$m(x, a) = \frac{2}{\sqrt{2\pi(a-x)}}\left[1 + M_1\left(1 - \frac{x}{a}\right)^{1/2} + M_2\left(1 - \frac{x}{a}\right) + M_3\left(1 - \frac{x}{a}\right)^{3/2}\right] \quad (7\text{-}10)$$

根据式（7-6），外荷载 P 对有效裂缝长度 a 的偏导数如下：

$$\frac{\partial P}{\partial a} = \frac{2B\sqrt{D}}{\sqrt{2\pi}} \cdot \frac{g'(a)k(\alpha)\sqrt{a} - g(a)\left[\frac{1}{D}k'(\alpha)\sqrt{a} + \frac{k(\alpha)}{2\sqrt{a}}\right]}{k^2(\alpha)a} \quad (7\text{-}11)$$

用式（7-6）、式（7-8）、式（7-9）和式（7-11）四个非线性等式来代替 $CTOD = CTOD_c$，$a = a_c$，$P = P_{max}$ 和 $\frac{\partial P}{\partial a} = 0$，四个参数 P_{max}，a_c，$CTOD_c$ 和 σ_s 的值用数值分析软件 Matlab 计算。

利用文献［20］的试验数据验证断裂极值理论的适用性。试验中的楔入劈拉试件的高度从 200mm 变化至 1200mm，最大的试件尺寸为 1200mm×1200mm×200mm，最大骨料粒径为 20mm。弹性模量和测量得到的抗拉强度 f_t 分别是 30.5GPa 和 2.33MPa。

表 7-1 和图 7-6 比较了峰值荷载 P_{max} 的测量值和基于断裂极值理论的计算值。从表 7-1 可以看出，不同试件尺寸计算得到的峰值荷载和试验测量值相差较小，表明，断裂极值理论可较好预测混凝土的断裂破坏。

楔入劈拉试件的计算结果　　　　表 7-1

试件编号	$2H×D×B$(mm)	a_0/D	预测 a_c/D	预测 $CMOD_c$ （μm）	P_{max}(kN) 预测值	P_{max}(kN) 试验值
WS20	200×200×200	0.4	0.767	148.52	10.29	8.90
WS40	400×400×200	0.4	0.707	201.73	18.23	18.79
WS60	600×600×200	0.4	0.672	246.40	25.27	24.16
WS80	800×800×200	0.4	0.674	320.62	32.53	35.92
WS100	1000×1000×200	0.4	0.793	741.35	42.53	45.69
WS120	1200×1200×200	0.4	0.755	702.53	53.19	58.94

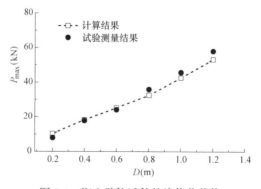

图 7-6　楔入劈拉试件的峰值荷载值

7.2.2 确定三点弯曲梁的双 K 参数

根据断裂极值理论，以三点弯曲梁为例，文献 [21] 提出了确定混凝土起裂韧度的简化计算方法，该方法仅需依靠单组试件断裂试验测量的峰值荷载便可求出混凝土三点弯曲梁双 K 断裂参数，且无须进行复杂的积分运算。结合三点弯曲梁相应断裂试验验证了该方法，将此方法与其他求解混凝土起裂韧度等断裂参数的方法进行了比较。

7.2.2.1 计算方法

采用线性渐进叠加假设[22]，认为裂缝扩展 P-$CMOD$ 曲线为无数个不同初始裂缝长度的弹性点组成的外包络线，因此可采用线弹性断裂力学公式确定 $CMOD$ 和 a 的关系。

$$CMOD = \frac{24Pa}{BDE} V\left(\frac{a}{D}\right) \tag{7-12}$$

$$V\left(\frac{a}{D}\right) = 0.76 - 2.28\frac{a}{D} + 3.87\left(\frac{a}{D}\right)^2 - 2.04\left(\frac{a}{D}\right)^3 + \frac{0.66}{(1-a/D)^2} \tag{7-13}$$

式中，E 为弹性模量。

对三点弯曲梁试件，根据起裂韧度准则，可推导外荷载 P 的表达式如下：

$$P = \frac{2BD^2}{3S\sqrt{a}\,k(\alpha)}\left[\frac{2}{\sqrt{2\pi a}}g(a) + K_{\mathrm{I}}^{\mathrm{ini}}\right] - \frac{W}{2} \tag{7-14}$$

式中，B、D、S 分别为试件厚度、高度及跨度。$\alpha = a/D$，W 为试件自重，$g(a)$ 表达式同式（7-7），其中：

$$k(\alpha) = \frac{1.99 - \alpha(1-\alpha)[2.15 - 3.93\alpha + 2.7(\alpha)^2]}{(1+2\alpha)(1-\alpha)^{3/2}} \tag{7-15}$$

根据式（7-14），$\partial P/\partial a$ 的表达式如下：

$$\frac{\partial P}{\partial a} = \zeta'(a) + \eta'(a)K_{\mathrm{I}}^{\mathrm{ini}} \tag{7-16}$$

式中，

$$\zeta'(a) = \frac{4BD^2}{3\sqrt{2\pi}S}\frac{g'(a)k(\alpha)a - g(a)[k'(\alpha)a + k(\alpha)]}{k^2(\alpha)a^2} \tag{7-17}$$

$$\eta'(a) = -\frac{2BD^2}{3S}\frac{a^{-\frac{1}{2}}k(\alpha) + 2a^{\frac{1}{2}}k'(\alpha)}{2ak^2(\alpha)} \tag{7-18}$$

其中，

$$k'(\alpha) = \frac{1}{D(1+2\alpha)^2(1-\alpha)^3} \times \{(-2.15 + 12.16\alpha - 19.89\alpha^2 + 10.8\alpha^3)(1+2\alpha)(1-\alpha)^{3/2} -$$

$$(1.99 - 2.15\alpha + 6.08\alpha^2 - 6.63\alpha^3 + 2.7\alpha^4) \times [2(1-\alpha)^{3/2} - \frac{3}{2}(1+2\alpha)(1-\alpha)^{1/2}]\}$$

$$\tag{7-19}$$

$$g'(a) = (A_1 + A_1'a)(2s^{1/2} + M_1 s + \frac{2}{3}M_2 s^{3/2} + \frac{1}{2}M_3 s^2) +$$

$$A_1 a_{\mathrm{c}}\left[s^{-1/2}s' + M_1 s' + M_1's + M_2 s^{1/2}s' + \frac{2}{3}M_2's^{3/2} + M_3 ss' + \frac{1}{2}M_3's\right]$$

$$+A_2a^2\left[2s^{1/2}s'+M_1ss'+\frac{M'_1}{2}s+\frac{2}{3}M_2s^{3/2}s'+\frac{4}{15}M'_2s^{5/2}+\frac{M_3}{2}\left(\frac{a_0^3}{a^4}-s'\frac{a_0}{a}+s\frac{a_0}{a^2}\right)\right]$$

$$+A_2a^2\left\{\frac{M'_3}{6}\left[1-\left(\frac{a_0}{a}\right)^3-3s\frac{a_0}{a}\right]\right\}$$

$$+(2A_2a+A'_2a^2)\left[\frac{4}{3}s^{3/2}+\frac{M_1}{2}s^2+\frac{4}{15}M_2s^{5/2}+\frac{M_3}{6}\left\{1-\left(\frac{a_0}{a'}\right)^3-3s\frac{a_0}{a}\right\}\right] \quad (7\text{-}20)$$

其中，

$$s'=\frac{a_0}{a^2}$$

$$A'_1=\frac{\partial\sigma_s(CTOD)}{\partial a}=\frac{\partial\sigma_s(CTOD)}{\partial CTOD}\frac{\partial CTOD}{\partial a}$$

$$A'_2=\frac{-\sigma'_s(CTOD)(a-a_0)-[f_t-\sigma_s(CTOD)]}{(a-a_0)^2}$$

$$M'_i=\frac{1}{(1-a/D)^{-3/2}}\left[\frac{b_i}{D}+2c_i\frac{a}{D^2}+3d_i\frac{a^2}{D^3}+4e_i\frac{a^3}{D^4}+5f_i\frac{a^4}{D^5}\right]$$

$$+\frac{3}{2D}\left(1-\frac{a}{D}\right)^{-5/2}\left[a_i+b_i\frac{a}{D}+c_i\left(\frac{a}{D}\right)^2+d_i\left(\frac{a}{D}\right)^3+e_i\left(\frac{a}{D}\right)^4+f_i\left(\frac{a}{D}\right)^5\right]$$

初始裂缝尖端应力和裂缝张开位移满足拉伸软化曲线式（7-8）。CTOD 可由下式确定[23]：

$$CTOD=CMOD\left\{\left(1-\frac{a_0}{a}\right)^2+\left(-1.149\frac{a}{D}+1.081\right)\left[\frac{a_0}{a}-\left(\frac{a_0}{a}\right)^2\right]\right\}^{1/2} \quad (7\text{-}21)$$

由式（7-8）可得：

$$\frac{\partial\sigma_s(CTOD)}{\partial CTOD}=f_t\left\{e^{-\frac{c_2CTOD}{\omega_0}}\left[\frac{3c_1}{\omega_0}\left(\frac{c_1CTOD}{\omega_0}\right)^2-\frac{c_2}{\omega_0}\left[1+\left(\frac{c_1CTOD}{\omega_0}\right)^3\right]\right]-\frac{1+c_1^3}{\omega_0}e^{-c_2}\right\}$$

$$(7\text{-}22)$$

将式（7-12）代入式（7-21），可得：

$$\frac{\partial CTOD}{\partial a}=\frac{6PS}{BD^2E}\left[0.76-4.56\alpha+11.61\alpha^2-8.16\alpha^3+\frac{0.66}{(1-\alpha)^2}+\frac{1.32\alpha}{(1-\alpha)^3}\right]$$

$$\times\left\{s^2+(1.081-1.149\alpha)\left[\frac{a_0}{a}-\left(\frac{a_0}{a}\right)^2\right]\right\}^{1/2}$$

$$+\frac{3PSa}{BD^2E}\left[0.76-2.28\alpha+3.87\alpha^2-2.04\alpha^3+\frac{0.66}{(1-\alpha)^2}\right]$$

$$\times\left\{s^2+(1.081-1.149\alpha)\left[\frac{a_0}{a}-\left(\frac{a_0}{a}\right)^2\right]\right\}^{-1/2}$$

$$\times\left\{2ss'-\frac{1.149}{D}\left[\frac{a_0}{a}-\left(\frac{a_0}{a}\right)^2\right]-(1.081-1.149\alpha)\left(\frac{a_0}{a^2}-2\frac{a_0^2}{a^3}\right)\right\}$$

由线性渐近叠加假定[17]，裂缝扩展过程中的裂缝口张开位移（CMOD）和荷载遵循式（7-12）所示关系。

将 $a = a_c$ 和 $P = P_{max}$ 代入式（7-14）中，K_I^{ini} 可表示为：

$$K_I^{ini} = \frac{3S(2P_{max}+W)\sqrt{a_c}k(\alpha_c)}{4BD^2} - \frac{2}{\sqrt{2\pi a_c}}g(a_c) \qquad (7-23)$$

式（7-23）中的右侧等式的第一项即为 K_I^{un}：

$$K_I^{un} = \frac{3(2P_{max}+W)S}{4BD^2}\sqrt{a_c}k(\alpha_c) \qquad (7-24)$$

将式（7-16）和式（7-23）代入式（7-3），可得到只含有 a_c 一个未知变量的等式。通过简单的数学计算，即可得到临界有效裂缝长度 a_c 的值，避免了数值积分带来的复杂运算过程。将 a_c 代入式（7-23），即可得到起裂韧度 K_I^{ini}。同时可将 a_c 代入式（7-21），得到临界裂缝尖端张开位移 $CTOD_c$。

7.2.2.2 计算结果与讨论

基于文献 [24] 中 B、C 两组试件尺寸不同且初始缝高比 a_0/D 不同的三点弯曲梁试件的试验结果，采用本章提出的断裂极值理论计算了三点弯曲梁试件的起裂韧度 K_I^{ini}、失稳韧度 K_I^{un}、$CTOD_c$、临界缝高比 a_c/D 等断裂参数。

对于普通混凝土，软化曲线的材料参数可取为：$c_1 = 3$，$c_2 = 7$，$w_0 = 160\mu m$。混凝土抗拉强度通过 $f_t = 0.4983\sqrt{f_c}$ [25] 确定。

图 7-7 和图 7-8 为采用本章计算方法所得的 B、C 组试件 K_I^{ini}、K_I^{un} 与文献 [17] 结果的对比图。由图 7-7 和图 7-8 可看出，断裂极值理论计算得到的断裂韧度虽整体小于双 K 方法的结果[17]，其差距随着 a_0/D 的增大有逐渐增大的趋势。产生这种现象的原因可能是双 K 方法[17] 采用试验测量的 $CMOD_c$ 来计算 $CTOD_c$ 和双 K 断裂参数，而试验测量的 $CMOD_c$ 对引伸计精度和其与试件的连接有较高要求，测量结果存在不可避免的误差。相比之下，断裂极值理论计算断裂参数不需要试验测量的 $CMOD_c$，仅需试验中测量相对容易且精确的 P_{max}，计算结果更为准确。需要说明的是，图 7-7（a）和图 7-8（a）中的

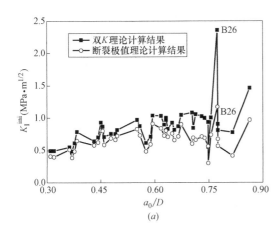

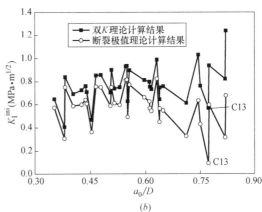

图 7-7 B、C 系列试件起裂韧度 K_I^{ini} 计算值

（a）B 系列；（b）C 系列

B26 试件，采用双 K 方法[17] 计算得到的双 K 断裂参数远大于其他组计算结果。图 7-7 （b）中另一个偏差较大的点为 C13 试件，采用断裂极值理论计算得到的起裂韧度值与双 K 方法计算值相差较大。

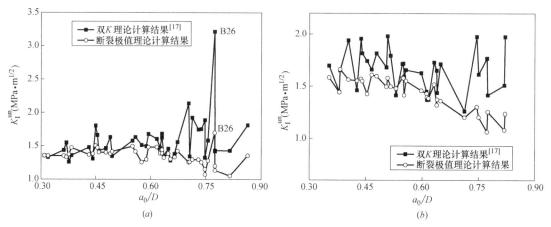

图 7-8　B、C 系列试件的失稳韧度 K_I^{un} 计算值

（a）B 系列；（b）C 系列

图 7-9 为采用断裂极值理论计算得到的 B、C 系列试件 $CTOD_c$ 随 a_0/D 变化的规律与文献［17］结果的对比图。由图 7-9 可知，采用断裂极值理论计算得到的 $CTOD_c$ 随 a_0/D 的增加呈现线性变化的趋势，而双 K 方法[17] 计算得到的 $CTOD_c$ 随 a_0/D 的增加呈现较大幅度的波动。图 7-10 对比了断裂极值理论和双 K 方法计算得到的 a_c/D 的值，相比于双 K 方法，采用断裂极值理论计算得到的 a_c/D 离散性更小，可靠性更强。

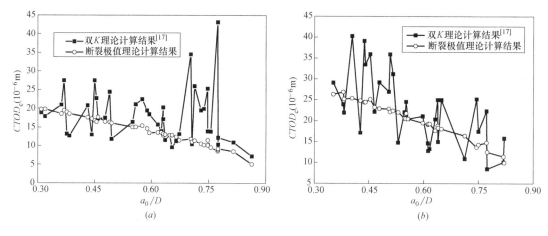

图 7-9　B、C 系列试件 $CTOD_c$ 计算值

（a）B 系列；（b）C 系列

图 7-11 为采用断裂极值理论计算得到的 B、C 系列试件的双 K 断裂参数随 a_0/D 的变化趋势。由图 7-11 可知，K_I^{ini} 和 K_I^{un} 随 a_0/D 的增加变化不大，由此可知，a_0/D 对 K_I^{ini} 和 K_I^{un} 无明显影响。该结果与文献［17］和文献［22］的结果一致。

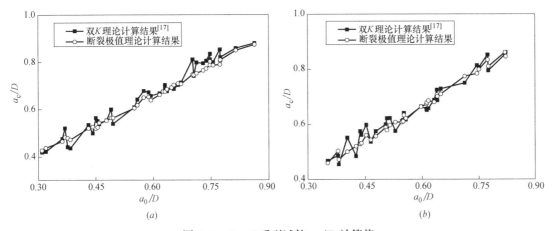

图 7-10 B、C 系列试件 a_c/D 计算值

(a) B系列；(b) C系列

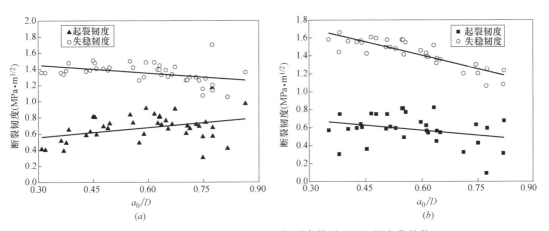

图 7-11 B、C 系列试件的双 K 断裂参数随 a_0/D 的变化趋势

(a) B系列；(b) C系列

7.2.2.3 小结

本节采用断裂极值理论确定混凝土三点弯曲梁起裂韧度。断裂极值理论引入了线性渐进叠加假定，同时采用了权函数方法，将由黏聚力引起的应力强度因子解析表示。通过现有三点弯曲梁试验结果及双 K 方法计算结果对本章方法进行了对比验证，结论如下：

（1）断裂极值理论在计算过程中只需通过单组试验测量三点弯曲梁试件的峰值荷载，无须测量其临界状态下的裂缝嘴张开位移 $CMOD_c$，避免了由于实测 $CMOD_c$ 而产生的误差影响计算结果，同时避免了传统极值理论中的复杂积分运算，计算结果较为稳定。

（2）断裂极值理论计算得到的双 K 断裂参数略小于双 K 方法计算得到的双 K 断裂参数，其原因可能为双 K 方法在计算过程中依赖于试验测量的 $CMOD_c$。

（3）初始缝高比 a_0/D 对于起裂韧度 K_I^{ini} 和失稳韧度 K_I^{un} 无明显影响。

参考文献

[1] Xu S, Reinhardt H W. Crack Extension Resistance and Fracture Properties of Quasi-Brittle Softening Materials like Concrete Based on the Complete Process of Fracture. International Journal of Fracture

1998，92 (1)：71-99.

[2] Carpinteri A，Roberta M. Bridged versus cohesive crack in the flexural behavior of brittle-matrix composites. International Journal of Fracture 1996，81 (2)：125-145.

[3] Petersson P E. Crack growth and development of fracture zones in plain concrete and similar materials. Sweden：Lund Institute of Technology，Report TVBM-1006，1981. Division of Building Materials.

[4] Stang H，Olesen J F，Poulsen P N，et al. On the application of cohesive crack modeling in cementitious materials. Materials and Structures 2007，40 (4)：365-374.

[5] Karihaloo B L，Xiao Q Z. Asymptotic fields at the tip of a cohesive crack. International Journal of Fracture 2008，150 (12)：55-74.

[6] 卿龙邦，李庆斌，管俊峰，等. 基于虚拟裂缝模型的混凝土断裂过程区研究. 工程力学，2012，29 (9)：112-116，132.

[7] Xu S L，Reinhardt H W. Determination of double-K criterion for crack propagation in quasi-brittle materials，Part I：experimental investigation of crack propagation. International Journal of Fracture 1999，98：111-149.

[8] 卿龙邦，刘换换，罗丹旎，等. 混凝土裂缝非线性断裂的简化预测方法研究. 河北工业大学学报，2015，44 (1)：89-95.

[9] 李庆斌，卿龙邦，管俊峰. 混凝土裂缝断裂全过程受黏聚力分布的影响分析. 水利学报，2012，43 (S1)：31-36.

[10] 管俊峰，卿龙邦，赵顺波. 混凝土三点弯曲梁裂缝断裂全过程数值模拟研究. 计算力学学报，2013，30 (1)：143-148.

[11] 卿龙邦，聂雅彤. 基于起裂韧度准则的混凝土裂缝黏聚区特性. 水利水电科技进展，2017，37 (2)：37-42.

[12] Qing L B，Tian W L，Wang J. Predicting unstable toughness of concrete based on initial toughness criterion. Journal of Zhejiang University-SCIENCE A 2014，15 (2)：138-148.

[13] Qing L B，Li Q B. A theoretical method for determining initiation toughness based on experimental peak load. Engineering Fracture Mechanics 2013，99 (1)：295-305.

[14] Murakami Y. Stress Intensity Factors Hand Book (Committee on Fracture Mechanics，The Society of Materials Science，Japan). Pergamon Press，Oxford，1987.

[15] Jenq Y S，Shah S P. A fracture toughness criterion for concrete. Engineering Fracture Mechanics 1985，21：1055-1069.

[16] Kumar S，Barai S V. Determining double-K fracture parameters of concrete for compact tension and wedge splitting tests using weight function. Engineering Fracture Mechanics 2009，76 (7)：935-948.

[17] Kumar S，Barai S V. Determining double-K fracture parameters of three-point bending notched concrete beams using weight function. Fatigue and Fracture of Engineering Materials and Structures 2010，33 (10)：645-660.

[18] Reinhardt H W，Cornelissen H A W，Hordijk D A. Tensile tests and failure analysis of concrete. Journal of Structure Engineering 1986，112：2462-2477.

[19] Tada H，Paris P C，Irwin G. The stress analysis of crack handbook. New York：ASME Press，2000.

[20] 吴智敏，徐世烺，刘佳毅. 光弹贴片法研究混凝土裂缝扩展过程及双 K 断裂参数的尺寸效应. 水利学报，2001 (04)：34-39.

[21] Qing L B，Nie Y T，Wang J，et al. A simplified extreme method for determining double-K fracture parameters of concrete using experimental peak load. Fatigue and Fracture of Engineering Materials and

Structures 2017，40（2）：254-266.

［22］Xu S L，Reinhardt H W. Determination of double-K criterion for crack propagation in quasi-brittle fracture，Part Ⅱ：Analytical evaluating and practical measuring methods for three-point bending notched beams. International Journal of Fracture 1999，98（2）：151-177.

［23］Jenq Y Shah S P. Two Parameter Fracture Model for Concrete. Journal of Engineering Mechanics 1985，111（10）：1227-1241.

［24］Refai T M E，Swartz S E. Fracture behavior of concrete beams in three-point bending considering the influence of size effects. Engineering Experiment Station，Kansas State University. 1987；Report No. 190.

［25］Karihaloo B L，Nallathambi P. Notched beam test：Mode I fracture toughness. Fracture Mechanics Test Methods for Concrete 1991，89：1-86.

第8章 利用断裂极值理论确定劈拉试件的起裂韧度

8.1 立方体和圆柱形劈拉试件

本节利用断裂极值理论,确定静载作用下立方体和圆柱体劈拉试件的断裂参数,以及动荷载作用下的立方体劈拉试件的断裂参数。通过将计算结果和现有的试验数据进行比较来验证断裂极值理论的适用性,并将本节方法和双 K 方法进行了比较。

8.1.1 试件特点

劈拉试件具有形式简单,易于浇筑等特点。和缺口梁相比,劈拉试件紧凑轻质,其自重对断裂参数的影响较小。在确定断裂参数方面,Ince[1,2] 用劈拉试件计算了混凝土 shah 双参数和双 K 断裂参数,Hu 等[3] 利用动荷载作用下的立方体劈拉试件研究加载率对混凝土断裂参数的影响。与楔入劈拉试件和三点弯曲梁试件不同,劈拉试件的缺口位于试件中央,这导致测量 $CMOD_c$ 很困难,会降低测量结果的准确性。而将无须测量 $CMOD_c$ 值的断裂极值理论应用于劈拉试件,可以解决这一问题并充分发挥劈拉试件的优势。

中央缺口的立方体和圆柱体劈拉试件的几何尺寸和荷载分布如图 8-1 所示,其中 $2D=H$,为试件高度,$2t$ 为荷载分布宽度。

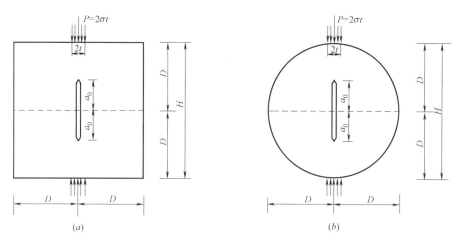

图 8-1 中央缺口劈拉试件的几何尺寸和荷载分布形式
(a) 立方体劈拉试件;(b) 圆柱体劈拉试件

8.1.2 计算方法

根据起裂韧度准则[4,5],劈拉试件的外荷载 P 可以如下表示:

$$P=\frac{BH}{2k(\alpha)}\sqrt{\frac{\pi}{a}}\left[K_{\mathrm{I}}^{\mathrm{ini}}+\sqrt{\frac{2}{\pi a}}g(a)\right] \tag{8-1}$$

式中，B 是试件厚度；$k(\alpha)$ 是几何尺寸函数，可以表示如下[1]：

$$k(\alpha)=A_0(\beta)+A_1(\beta)\alpha+A_2(\beta)\alpha^2+A_3(\beta)\alpha^3+A_4(\beta)\alpha^4+A_5(\beta)\alpha^5 \tag{8-2}$$

其中，$\beta=t/D$ 是荷载分布宽度和试件高度之比，$\alpha=a/D$ 是相对裂缝长度，A_i 是 β 的函数。静荷载作用下立方体和圆柱体的 A_i 值分别如表 8-1 所示，式（8-2）适用于静荷载作用下的立方体和圆柱体劈拉试件。

静荷载作用下 A_i 和 B_i 的值 表 8-1

系数	立方体		圆柱体
	$\beta=0.067$	$\beta=0.1$	$\beta=0.1$
A_0	0.995	1.050	1.097
A_1	−0.147	−1.366	−2.079
A_2	1.847	9.772	14.698
A_3	−0.480	−23.296	−38.038
A_4	−1.908	28.794	46.434
A_5	2.429	−12.082	−21.120
误差(%)	0.10	0.43	0.52
B_0	1.192	1.211	1.240
B_1	1.160	0.582	0.298
B_2	−5.970	−2.239	−0.220
B_3	22.364	11.650	6.562
B_4	−29.008	−15.160	−8.505
B_5	14.741	8.015	5.723
误差(%)	0.21	0.08	0.05

式（8-1）中的 $g(a)$ 可以用四项权函数公式解析表达如下[6]：

$$g(a)=F_1a\left(2s^{\frac{1}{2}}+M_1s+\frac{2}{3}M_2s^{\frac{3}{2}}+\frac{1}{2}M_3s^2\right)$$

$$+F_2a^2\left\{\frac{4}{3}s^{\frac{3}{2}}+\frac{1}{2}M_1s^2+\frac{4}{15}M_2s^{\frac{5}{2}}+\frac{1}{6}M_3\left[1-\left(\frac{a_0}{a}\right)^3-3s\frac{a_0}{a}\right]\right\} \tag{8-3}$$

式中，$F_1=\sigma_{\mathrm{s}}(CTOD)$，$F_2=\dfrac{f_{\mathrm{t}}-\sigma_{\mathrm{s}}(CTOD)}{a-a_0}$，$s=1-\dfrac{a_0}{a}$。$CTOD$ 是裂缝尖端张开位移，$\sigma_{\mathrm{s}}(CTOD)$ 为拉伸软化曲线。

根据 Ince[1]，式（8-3）中的 M_1，M_2 和 M_3 可以表示如下：

$$M_i=m_{i0}+m_{i1}\alpha+m_{i2}\alpha^2+m_{i3}\alpha^3+m_{i4}\alpha^4+m_{i5}\alpha^5+m_{i6}\alpha^6+m_{i7}\alpha^7 \tag{8-4}$$

其中，m_{ij} 是（$i=1\sim3$ 和 $j=0\sim7$）多项式的系数，且当 $i=2$ 时 $m_{i7}=0$。如表 9-2 所示，立方体和圆柱体劈拉试件的 m_{ij} 是不同的。式（8-3）和式（8-4）的精确度高于 3%[1]。

拉伸软化曲线 $\sigma_{\mathrm{s}}(CTOD)$ 可以表示如下：

$$\sigma_{\mathrm{s}}(CTOD)=f_{\mathrm{t}}\left\{\left[1+\left(\frac{c_1CTOD}{\omega_0}\right)^3\right]e^{\left(\frac{-c_2CTOD}{\omega_0}\right)}-\frac{CTOD}{\omega_0}(1+c_1^3)e^{-c_2}\right\} \tag{8-5}$$

式中，f_t 是混凝土抗拉强度；c_1，c_2 和 ω_0 是材料参数。$CTOD$ 的值受试件几何尺寸和荷载形式[7] 的影响，立方体劈拉试件的 $CTOD$ 可以由式（8-6）表示，圆柱体劈拉试件的 $CTOD$ 由式（8-7）表示。

式（8-4）中的 m_{ij}（$i=1\sim3$ 和 $j=0\sim7$）值　　　　　　　　表 8-2

M_i	0	1	2	3	4	5	6	7
立方体，误差：1.00%								
1	0.070	0.407	−5.405	49.393	−199.837	384.617	−359.928	132.792
2	−0.089	−2.017	24.839	−86.042	208.787	−243.596	114.431	
3	0.432	2.581	−31.022	134.511	−329.531	438.642	−292.768	69.925
圆柱体，误差：1.05%								
1	0.079	0.424	−5.962	40.178	−160.500	339.325	−348.003	136.102
2	−0.086	−1.840	28.190	−88.599	188.427	−218.694	110.515	
3	0.389	2.431	−31.911	138.964	−335.473	443.636	−288.380	59.776

$$CTOD = CMOD\sqrt{\left(1-\frac{a_0}{a}\right)^2 + \left[1.967 - 0.454(1+\beta)^{6.363}\alpha^{1.984}\left(\frac{a_0}{a}\right)^{1.913}\right]\left[\frac{a_0}{a} - \left(\frac{a_0}{a}\right)^2\right]}$$
$$(8\text{-}6)$$

$$CTOD = CMOD\sqrt{\left(1-\frac{a_0}{a}\right)^2 + \left[1.973 - 0.504(1+\beta)^{6.283}\alpha^{2.302}\left(\frac{a_0}{a}\right)^{2.458}\right]\left[\frac{a_0}{a} - \left(\frac{a_0}{a}\right)^2\right]}$$
$$(8\text{-}7)$$

式（8-6）和（8-7）中 $CMOD$ 可以表示如下：

$$CMOD = \frac{2Pa}{EBH}(1-\nu^2)V(\beta,\alpha) \tag{8-8}$$

式中，ν 是泊松比；E 是混凝土试件的弹性模量；$V(\beta,\alpha)$ 由式（8-9）计算得到，当 $0.1 \leqslant \alpha \leqslant 0.9$ 时精确度为 0.3%[1]。

$$V(\beta,\alpha) = B_0(\beta) + B_1(\beta)\alpha + B_2(\beta)\alpha^2 + B_3(\beta)\alpha^3 + B_4(\beta)\alpha^4 + B_5(\beta)\alpha^5 \tag{8-9}$$

式中，B_i 是 β 的函数，静荷载作用下立方体和圆柱体劈拉试件的 B_i 值如表 8-1 所示。

根据式（8-1），$\frac{\partial P}{\partial a}$ 可以表达如下：

$$\frac{\partial P}{\partial a} = \zeta'(a) + \eta'(a)K_{\mathrm{I}}^{\mathrm{ini}} \tag{8-10}$$

其中，$\zeta'(a)$ 和 $\eta'(a)$ 可分别由式（8-11）和式（8-12）表示。

$$\zeta'(a) = \frac{aBHg'(\alpha)k(\alpha) - [k(\alpha)+ak'(\alpha)]BHg(\alpha)}{\sqrt{2}a^2k^2(\alpha)} \tag{8-11}$$

$$\eta'(a) = -\frac{\sqrt{\pi}BH}{2}\frac{a^{-\frac{1}{2}}k(\alpha) + 2a^{\frac{1}{2}}k'(\alpha)}{2ak^2(\alpha)} \tag{8-12}$$

式（8-11）中 $k'(\alpha)$ 和 $g'(\alpha)$ 表达式如下：

$$k'(\alpha) = \frac{1}{D}[A_1(\beta) + 2A_2(\beta)\alpha + 3A_3(\beta)\alpha^2 + 4A_4(\beta)\alpha^3 + 5A_5(\beta)\alpha^4] \tag{8-13}$$

$$g'(a) = (F_1 + F_1'a)\left(2s^{\frac{1}{2}} + M_1 s + \frac{2}{3}M_2 s^{\frac{3}{2}} + \frac{1}{2}M_3 s^2\right) +$$

$$F_1 a\left[(s^{-\frac{1}{2}} + M_1 + M_2 s^{\frac{1}{2}} + M_3 s)s' + M_1' s + \frac{2}{3}M_2' s^{\frac{3}{2}} + \frac{1}{2}M_3' s^2\right] +$$

$$F_2 a^2\left[(2s^{\frac{1}{2}} + M_1 s + \frac{2}{3}M_2 s^{\frac{3}{2}})s' + \frac{1}{2}M_1' s^2 + \frac{4}{15}M_2' s^{\frac{5}{2}}\right] +$$

$$F_2 a^2\left\{\frac{M_3'}{6}\left[1 - \left(\frac{a_0}{a}\right)^3 - 3s\frac{a_0}{a}\right] + \frac{M_3}{2}\left(\frac{a_0^3}{a^4} - s'\frac{a_0}{a} + s\frac{a_0}{a^2}\right)\right\} +$$

$$(2F_2 a + F_2'a^2)\left\{\frac{4}{3}s^{\frac{3}{2}} + \frac{M_1}{2}s^2 + \frac{4}{15}M_2 s^{\frac{5}{2}} + \frac{M_3}{6}\left[1 - \left(\frac{a_0}{a}\right)^3 - 3s\left(\frac{a_0}{a}\right)\right]\right\} \quad (8\text{-}14)$$

其中，

$$s' = \frac{a_0}{a^2}$$

$$F_1' = \frac{\partial \sigma_s(CTOD)}{\partial a} = \frac{\partial \sigma_s(CTOD)}{\partial CTOD}\frac{\partial CTOD}{\partial a}$$

$$F_2' = \frac{-F_1'(a - a_0) - [f_t - \sigma_s(CTOD)]}{(a - a_0)^2}$$

$$M_i' = \frac{1}{D}(m_{i1} + 2m_{i2}\alpha + 3m_{i3}\alpha^2 + 4m_{i4}\alpha^3 + 5m_{i5}\alpha^4 + 6m_{i6}\alpha^5 + 7m_{i7}\alpha^6)$$

其中，

$$\frac{\partial \sigma_s(CTOD)}{\partial CTOD} = f_t\left\{e^{-\frac{c_2 CTOD}{\omega_0}}\left[\frac{3c_1}{\omega_0}\left(\frac{c_1 CTOD}{\omega_0}\right)^2 - \frac{c_2}{\omega_0}\left[1 + \left(\frac{c_1 CTOD}{\omega_0}\right)^3\right]\right] - \frac{1 + c_1^3}{\omega_0}e^{-c_2}\right\}$$

圆柱体的$\frac{\partial CTOD}{\partial a}$可以表示为：

$$\frac{\partial CTOD}{\partial a} = \left[\frac{CMOD}{a} + \frac{2Pa(1 - \nu^2)}{EBHD}k'(\alpha)\right]\frac{CTOD}{CMOD} + \frac{CMOD^2}{2CTOD}\left[2\left(1 - \frac{a_0}{a}\right)\frac{a_0}{a^2} + f_1(a)\right]$$

立方体试件的$\frac{\partial CTOD}{\partial a}$：

$$\frac{\partial CTOD}{\partial a} = \left[\frac{CMOD}{a} + \frac{2Pa(1 - \nu^2)}{EBHD}k'(\alpha)\right]\frac{CTOD}{CMOD} + \frac{CMOD^2}{2CTOD}\left[2\left(1 - \frac{a_0}{a}\right)\frac{a_0}{a^2} + f_2(a)\right]$$

式中的$f_1(a)$和$f_2(a)$如下所示：

$$f_1(a) = \left[-\frac{0.901(1 + \beta)^{6.363}}{D}\alpha^{0.984}\left(\frac{a_0}{a}\right)^{1.913} + 0.867(1 + \beta)^{6.363}\alpha^{1.984}\frac{a_0^{1.913}}{a^{2.913}}\right]\left[\frac{a_0}{a} - \left(\frac{a_0}{a}\right)^2\right] +$$

$$\left[1.967 - 0.454(1 + \beta)^{6.363}\alpha^{1.984}\left(\frac{a_0}{a}\right)^{1.913}\right]\left[2\frac{a_0^2}{a^3} - \frac{a_0}{a^2}\right]$$

$$f_2(a) = \left[-\frac{1.160(1 + \beta)^{6.283}}{D}\alpha^{1.302}\left(\frac{a_0}{a}\right)^{2.458} + 1.239(1 + \beta)^{6.283}\alpha^{2.302}\frac{a_0^{2.485}}{a^{3.485}}\right]\left[\frac{a_0}{a} - \left(\frac{a_0}{a}\right)^2\right] +$$

$$\left[1.973 - 0.504(1 + \beta)^{6.283}\alpha^{2.302}\left(\frac{a_0}{a}\right)^{2.458}\right]\left[2\frac{a_0^2}{a^3} - \frac{a_0}{a^2}\right]$$

将 $a = a_c$，$P = P_{max}$ 代入等式（8-1），即可得到试件的起裂韧度。

$$K_I^{ini} = \frac{2P_{max}}{BH}\sqrt{\frac{a_c}{\pi}}k(\alpha_c) - \sqrt{\frac{2}{\pi a_c}}g(a_c) \qquad (8\text{-}15)$$

将 K_I^{ini} 的表达式代入式（7-3）和式（8-10），即可得到未知参数 a_c，K_I^{nn} 可以根据 P_{max} 和 a_c 的计算值得到，避免了 $CMOD_c$ 的测量。

8.1.3　计算结果与讨论

采用 R4、R8 和 R16-1[1] 中的实验数据计算立方体和圆柱体劈拉试件的起裂韧度，并分析最大骨料粒径的影响，各组试验尺寸、配合比和初始缝高比如表 8-3 和表 8-4 所示。式（8-5）中拉伸软化曲线的参数为 $c_1 = 3$，$c_2 = 7$，$w_0 = 160\mu m$，混凝土的抗拉强度由 $f_t = 0.4983\sqrt{f_c}$[8] 计算，杨氏模量由 $E = 4730\sqrt{f_c}$[9] 计算。分别利用断裂极值理论和基于峰值荷载法的双 K 方法[1] 计算立方体和圆柱体劈拉试件的 K_I^{ini}，$CTOD_c$ 和 Δa_c 的结果并比较，结果如表 8-3 和表 8-4 所示。

比较立方体劈拉试件的混凝土断裂参数　　　　　　　　　　　　表 8-3

试　件	编号	α_0	P_{max} (kN)	Δa_c (mm)		$CTOD_c$ (μm)		K_I^{ini} (MPa·m$^{1/2}$)	
				计算结果	文献[1]计算结果	计算结果	文献[1]计算结果	计算结果	文献[1]计算结果
R4 (f_c=35.3MPa; β=0.067; $B \times D \times H$=100mm×50mm×100mm)	1	0.154	41.7	9.03	15.10	6.10	10.50	0.205	0.227
	2	0.158	36.9	12.49	18.15	8.34		0.121	0.124
	3	0.302	34.0	10.65	13.10	8.38		0.271	0.274
	4	0.302	28.8	15.74	18.50	10.46		0.126	0.109
	5	0.306	32.2	12.04	14.35	8.97		0.230	0.229
	6	0.406	29.0	11.08	12.10	9.38		0.292	0.293
均值	—	—	—	11.84	15.05	8.44	—	0.208	0.209
标准差	—	—	—	2.06	2.18	1.41	—	0.066	0.070
变异系数	—	—	—	0.17	0.15	0.17	—	0.316	0.333
R8 (f_c=39.6MPa; β=0.1; $B \times D \times H$=100mm×50mm×100mm)	1	0.152	46.0	8.40	18.00	5.91	11.40	0.240	0.297
	2	0.154	48.0	8.83	16.35	5.74		0.260	0.321
	3	0.152	45.3	8.82	18.45	6.06		0.228	0.283
	4	0.304	39.2	9.49	13.75	8.18		0.352	0.385
	5	0.314	38.9	9.39	13.50	8.23		0.361	0.393
	6	0.304	41.0	8.51	12.55	8.82		0.393	0.428
	7	0.404	35.0	9.04	11.85	8.76		0.411	0.438
	8	0.404	33.6	9.97	12.95	9.14		0.372	0.396
	9	0.418	34.0	9.25	11.95	8.94		0.407	0.432
均值	—	—	—	8.97	14.15	8.64	—	0.336	0.375
标准差	—	—	—	0.61	2.07	1.29	—	0.069	0.056
变异系数	—	—	—	0.07	0.15	0.17	—	0.205	0.150

试 件	编号	α_0	P_{max} (kN)	Δa_c (mm)		$CTOD_c$ (μm)		K_I^{ini} (MPa·m$^{1/2}$)	
				计算结果	文献[1]计算结果	计算结果	文献[1]计算结果	计算结果	文献[1]计算结果
R16-1 (f_c=35.6MPa; β=0.1; $B \times D \times H$=100mm× 75mm×150mm)	1	0.131	95.6	11.55	23.70	8.55		0.233	0.273
	2	0.137	95.8	11.41	23.18	8.63		0.246	0.287
	3	0.131	103.8	9.15	20.63	6.85		0.298	0.351
	4	0.265	82.1	13.78	19.58	10.68		0.342	0.360
	5	0.271	83.2	13.15	18.60	10.57	14,40	0.366	0.384
	6	0.269	86.4	12.06	18.25	10.19		0.399	0.421
	7	0.328	76.3	13.78	18.85	11.49		0.382	0.397
	8	0.333	74.2	14.44	18.60	11.76		0.363	0.375
	9	0.332	81.2	11.86	15.00	10.93		0.454	0.473
均值	—	—	—	12.35	19.38	9.74	—	0.343	0.369
标准差	—	—	—	1.53	2.62	1.76	—	0.068	0.059
变异系数	—	—	—	0.12	0.14	0.18	—	0.198	0.159

比较圆柱体劈拉试件的混凝土断裂参数　　　　　表 8-4

试 件	编号	α_0	P_{max} (kN)	Δa_c (mm)		$CTOD_c$ (μm)		K_I^{ini} (MPa·m$^{1/2}$)	
				计算结果	文献[1]计算结果	计算结果	文献[1]计算结果	计算结果	文献[1]计算结果
R4 (f_c=35.3MPa; β=0.1; $B \times D \times H$=72mm× 70mm×140mm)	1	0.135	20.7	6.27	12.74	4.16		0.159	0.191
	2	0.101	18.9	8.91	14.63	4.41		0.085	0.112
	3	0.118	23.8	6.62	13.38	4.10		0.131	0.166
	4	0.189	18.9	9.63	13.45	6.24	8.70	0.128	0.136
	5	0.186	20.3	8.44	12.03	5.22		0.182	0.208
	6	0.177	21.6	8.73	12.53	5.25		0.167	0.187
	7	0.282	16.6	8.57	10.65	6.11		0.232	0.245
	8	0.273	18.0	8.22	11.22	6.33		0.205	0.221
均值	—	—	—	8.67	12.58	5.23	—	0.161	0.183
标准差	—	—	—	0.96	1.20	0.87	—	0.044	0.041
变异系数	—	—	—	0.12	0.10	0.17	—	0.271	0.224
R8 (f_c=39.6MPa; β=0.1; $B \times D \times H$=75mm× 52mm×104mm)	1	0.141	29.5	13.31	22.93	8.44		0.102	0.241
	2	0.144	28.8	15.81	24.18	8.54		0.057	0.182
	3	0.154	29.2	13.28	22.52	8.64		0.115	0.249
	4	0.288	25.9	11.79	18.41	8.68		0.233	0.355
	5	0.294	23.7	14.00	20.28	9.63	15.30	0.162	0.269
	6	0.296	23.6	14.03	20.28	9.66		0.162	0.268
	7	0.390	22.6	10.94	16.43	9.15		0.287	0.392
	8	0.398	21.1	12.72	18.78	10.15		0.236	0.322
	9	0.394	22.7	10.66	16.12	9.06		0.298	0.404

续表

试　件	编号	α_0	P_{max} (kN)	Δa_c (mm) 计算结果	Δa_c (mm) 文献[1] 计算结果	$CTOD_c(\mu m)$ 计算结果	$CTOD_c(\mu m)$ 文献[1] 计算结果	K_I^{ini}(MPa·m$^{1/2}$) 计算结果	K_I^{ini}(MPa·m$^{1/2}$) 文献[1] 计算结果
均值	—	—	—	12.95	19.88	8.88	—	0.184	0.298
标准差	—	—	—	1.54	2.74	0.86	—	0.080	0.071
变异系数	—	—	—	0.12	0.14	0.10	—	0.435	0.237
R16-1 (f_c=35.6MPa; β=0.1; $B \times D \times H$=84.4mm× 75mm×150mm)	1	0.143	52.6	11.20	25.95	8.38	16.20	0.229	0.304
	2	0.141	54.1	10.65	25.43	8.19		0.240	0.321
	3	0.141	58.1	9.49	23.93	6.86		0.273	0.361
	4	0.273	45.2	12.52	21.60	9.96		0.345	0.386
	5	0.267	46.7	11.82	20.93	9.66		0.363	0.407
	6	0.271	52.1	9.92	18.15	9.11		0.436	0.485
	7	0.340	31.5	15.28	23.70	11.57		0.282	0.291
	8	0.333	40.1	9.49	15.75	9.67		0.499	0.541
	9	0.333	35.7	12.34	20.10	10.55		0.380	0.412
均值	—	—	—	11.41	21.73	9.11	—	0.339	0.390
标准差	—	—	—	1.75	3.20	1.53	—	0.086	0.078
变异系数	—	—	—	0.15	0.15	0.17	—	0.254	0.201

　　图 8-2 和图 8-3 分别比较了断裂极值理论和双 K 方法得到的立方体和圆柱体劈拉试件的起裂韧度。断裂极值理论求得的起裂韧度稍小于文献 [1] 利用双 K 方法求得的起裂韧度，这是因为断裂极值理论无须测量 $CMOD_c$ 的值，而双 K 方法依赖于 $CMOD_c$ 的测量结果。此外，起裂韧度随最大骨料粒径增大而增大，但最大骨料粒径对两种方法得到的起裂韧度的差值影响不大。

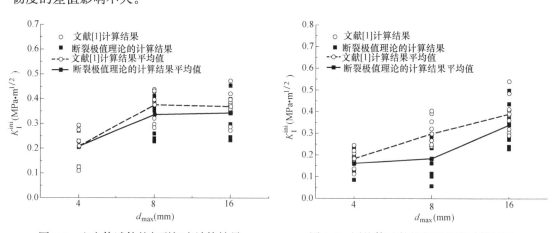

图 8-2　立方体试件的起裂韧度计算结果　　　　图 8-3　圆柱体试件的起裂韧度计算结果

　　如表 8-3 和表 8-4 显示，断裂极值理论计算得到的各组的 $CMOD_c$ 和 Δa_c 计算结果稍小于双 K 方法的计算结果[1]，且断裂极值理论求得的各参数的变异系数稍大于文献 [1] 的变异系数。可能原因是文献 [1] 将一组中各试件 $CMOD_c$ 计算结果的平均值作为该组

的 $CMOD_c$ 值，这一处理方式会影响到峰值荷载状态时的起裂韧度、有效裂缝扩展长度的计算值及其变异系数。此方法可以减小测量值离散性过大的不利影响，但是降低了计算结果的准确性。由此可见，断裂极值理论通过避免 $CMOD_c$ 的测量，提高了计算效率和精确度。

8.1.4 动荷载作用下立方体劈拉试件起裂韧度

文献 [3] 进行了动荷载作用下立方体劈拉试件的断裂试验，分析了加载率对起裂韧度的影响。利用断裂极值理论计算该组试验的断裂参数并与文献 [3] 的试验结果进行比较。动荷载作用下立方体劈拉试件断裂参数的计算方法与静荷载作用下的计算方法几乎相同，但由于加载形式不同，权函数参数的系数与静荷载作用的系数不同，如表 8-5 所示。当 $0.1 \leqslant \alpha \leqslant 0.9$ 时，动载作用下式（8-3）和式（8-4）的精确度大于 1% [3]。

动荷载情况下，式（8-2）中 $k(\alpha)$ 表示如式（8-16）[2]，当 $0.1 \leqslant \alpha \leqslant 0.9$，式（8-16）的精确度大于 0.3%。

$$k(\alpha) = A_0(\beta) + A_1(\beta)\alpha + A_2(\beta)\alpha^2 + A_3(\beta)\alpha^3 \tag{8-16}$$

具体结果如表 8-6 所示。

动荷载作用下的劈拉试件四项权函数公式中参数 M_1，M_2，M_3 的系数 表 8-5

M_i	0	1	2	3	4	5	6	7
误差：1.00%								
1	0.06987	0.40117	−5.5407	50.0886	−200.699	395.220	−378.939	140.218
2	−0.09049	−2.14886	22.5325	−89.6553	210.599	−239.445	111.128	
3	0.42722	2.56001	−29.6349	138.400	−348.255	458.128	−295.882	68.1575

$\beta=0.15$ 时动荷载作用下劈拉试件的系数 A_i 和 B_i 的值 表 8-6

系数	A_0	A_1	A_2	A_3	B_0	B_1	B_2	B_3
$\beta=0.15$	0.958	−0.058	1.443	−0.689	1.212	0.051	1.329	0.687
误差	0.30%				0.10%			

式（8-6）中的 $CTOD$ 值应由式（8-17）代替 [2]。

$$CTOD = CMOD \sqrt{\left(1 - \frac{a_0}{a}\right)^2 + \left[2.067 - 0.425\frac{a_c}{D}\right]\left[\frac{a_0}{a} - \left(\frac{a_0}{a}\right)^2\right]} \tag{8-17}$$

由于试件加载形式的变化，式（8-9）中的 $V(\beta, \alpha)$ 由式（8-18）代替。

$$V(\beta, \alpha) = B_0(\beta) + B_1(\beta)\alpha + B_2(\beta)\alpha^2 + B_3(\beta)\alpha^3 \tag{8-18}$$

其中，B_i 值如表 8-6 所示。

相应地，用式（8-19）代替式（8-13）。

$$k'(\alpha) = \frac{1}{D}\left[A_1(\beta) + 2A_2(\beta)\alpha + 3A_3(\beta)\alpha^2\right] \tag{8-19}$$

与式（8-9）和式（8-13）不同，式（8-16）和式（8-18）由四项多项式表示，且两式的精确度分别为 0.3% 和 0.1%，满足试验需要的精确度。

$\dfrac{\partial CTOD}{\partial a}$ 表示为：

$$\frac{\partial CTOD}{\partial a} = \left\{\frac{CMOD}{a} + \frac{2Pa(1-\nu^2)}{EBHD}\left[B_1(\beta) + 2B_2(\beta)\alpha + 3B_3(\beta)\alpha^2\right]\right\}\frac{CTOD}{CMOD} +$$

$$\frac{CMOD^2}{2CTOD}\left\{2\left(1-\frac{a_0}{a}\right)\frac{a_0}{a^2} - \frac{0.425}{D}\left[\frac{a_0}{a} - \left(\frac{a_0}{a}\right)^2\right]\right\} +$$

$$\left(2.067 - 0.425\frac{a_c}{D}\right)\left[2\frac{a_0^2}{a^3} - \frac{a_0}{a^2}\right]\frac{CMOD^2}{2CTOD}$$

本节采用四种加载率，从 $10^{-5}/s$ 到 $10^{-2}/s$[3]。立方体劈拉试件的尺寸为 $100\text{mm} \times 100\text{mm} \times 100\text{mm}$（$2D \times H \times B$），$\beta = 0.15$，$\alpha_0 = 0.3$。1C，2C，3C 和 4C 组中混凝土抗压强度分别为 49.85MPa、50.31MPa、51.36MPa 和 52.27MPa[3]。混凝土的抗拉强度由 $f_t = 0.4983\sqrt{f_c}$[8] 计算，杨氏模量由 $E = 4730\sqrt{f_c}$[9] 计算。

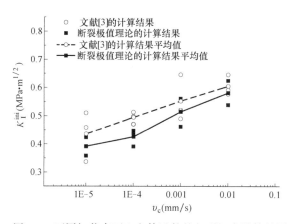

图 8-4　不同加载率下立方体试件的起裂韧度计算结果

如图 8-4 所示，起裂韧度随加载率上升而增大；从表 8-7 可以看出，通过断裂极值理论得到的起裂韧度计算结果的变异系数稍小于文献［3］计算结果的变异系数。这表明，断裂极值理论的计算结果更稳定。图 8-4 可以看出，两种方法得到的起裂韧度的差值随加载率的上升而逐渐减小。

两种方法计算得到的 $CTOD_c$ 如表 8-7 所示，双 K 方法计算得到的 $CTOD_c$ 值随 Δa_c 变化显著，但断裂极值理论计算结果更为稳定，且与 Δa_c 无明显关系。产生这种现象的原因可能是文献［3］中 $CTOD_c$ 的计算结果受到 $CMOD_c$ 测量值的影响。断裂极值理论计算结果的稳定性可以通过 Δa_c 和 $CTOD_c$ 较小的变异系数得到验证。

动荷载作用下立方体劈拉试件混凝土断裂参数的比较　　　　　　　　　　　　表 8-7

试件	加载率 (/s)	编号	P_{max} (kN)	Δa_c (mm)		$CTOD_c$ (μm)		K_I^{ini} (MPa·m$^{1/2}$)	
				计算结果	文献[3] 计算结果	计算结果	文献[3] 计算结果	计算结果	文献[3] 计算结果
1C	10^{-5}	1	42.5	10.95	8.85	8.57	43.00	0.358	0.337
		2	44.0	9.90	4.60	8.13	24.00	0.391	0.458
		3	45.4	9.06	1.90	8.81	15.00	0.423	0.510

续表

试件	加载率 (/s)	编号	P_{max} (kN)	Δa_c (mm)		$CTOD_c$ (μm)		K_I^{ini} (MPa·m$^{1/2}$)	
				计算结果	文献[3] 计算结果	计算结果	文献[3] 计算结果	计算结果	文献[3] 计算结果
均值	—	—	9.97	5.12	8.17	28.33	0.391	0.435	
标准差	—	—	0.77	2.86	0.31	11.67	0.027	0.072	
变异系数	—	—	0.08	0.56	0.04	0.43	0.068	0.167	
2C	10^{-4}	1	44.0	9.94	13.05	8.14	60.00	0.391	0.513
		4	46.1	8.77	3.71	8.69	21.00	0.437	0.498
		5	46.6	8.54	4.10	8.61	21.00	0.447	0.470
均值	—	—	9.08	6.95	8.81	34.00	0.425	0.494	
标准差	—	—	0.61	4.31	0.23	18.38	0.024	0.018	
变异系数	—	—	0.07	0.62	0.03	0.54	0.057	0.036	
3C	10^{-3}	1	50.4	8.27	10.05	8.20	48.00	0.520	0.490
		3	52.5	6.63	9.95	8.01	62.00	0.561	0.646
		5	48.6	8.34	10.60	8.54	56.00	0.462	0.519
均值	—	—	8.41	10.20	8.25	55.33	0.514	0.552	
标准差	—	—	0.71	0.29	0.22	5.73	0.041	0.068	
变异系数	—	—	0.10	0.03	0.03	0.10	0.079	0.123	
4C	10^{-2}	1	53.6	6.44	9.50	6.95	54.00	0.580	0.646
		3	51.5	8.03	8.80	8.12	50.00	0.539	0.577
		5	55.9	5.86	6.65	6.79	46.00	0.625	0.592
均值	—	—	6.44	8.98	6.95	50.00	0.581	0.605	
标准差	—	—	0.48	1.17	0.13	3.27	0.035	0.030	
变异系数	—	—	0.07	0.15	0.02	0.07	0.060	0.049	

8.1.5 小结

基于断裂极值理论，提出了基于劈拉试件计算起裂韧度的简化方法。计算了立方体、圆柱体劈拉试件和动荷载作用下的立方体劈拉试件的断裂参数，得到如下结论：

（1）利用单组试件的峰值荷载便可计算混凝土劈拉试件的 K_I^{ini}，Δa_c 和 $CTOD_c$。无须试验测量 $CMOD_c$ 的值，还避免了传统极值方法的数值积分。

（2）利用断裂极值理论计算得到了动荷载作用下的劈拉试件的 Δa_c 和 $CTOD_c$ 值，计算结果小于双 K 方法的结果。

（3）试件的起裂韧度随最大骨料粒径和加载率的增大而增大，断裂极值理论求得的起裂韧度较双 K 方法计算结果稍小，且两者之间的差值随加载率的上升而逐渐减小。

8.2 楔入劈拉试件

当前，中国西南地区正在建设多座 300m 级特高拱坝，准确确定全级配大坝混凝土的断裂参数，进而正确评估大坝混凝土的断裂特性，是特高拱坝防裂限裂关键技术问题的重要基础。

文献［10～12］进行的全级配大坝混凝土断裂试验研究表明：大坝混凝土试件裂缝断裂达到峰值荷载前存在起裂状态及稳定扩展过程。文献［13］提出的双 K 断裂模型中，将裂缝尖端起裂时对应的应力强度因子定义为起裂韧度，并将起裂韧度作为判别裂缝起裂的标准。文献［4，14］研究表明：利用起裂韧度可较好地模拟裂缝扩展全过程。鉴于水工混凝土结构裂缝问题的重要性，可将起裂韧度作为 300m 级特高拱坝的裂缝预警判别准则。

对于大坝混凝土而言，断裂参数通常采用楔入劈拉试验方法获取，相应的起裂韧度确定方法主要有理论计算方法[15] 和直接测试法[16,17]。理论计算方法主要基于双 K 准则，采用断裂试验测量的峰值状态参数进行推算。文献［16］提出的确定楔入劈拉试件起裂韧度的方法中，采用断裂试验测得的峰值荷载 P_{max} 和相应的裂缝嘴张开位移 $CMOD_c$，利用求解高阶非线性方程或者所提出的经验公式得到临界有效裂缝长度，进而得到起裂韧度。文献［6］通过引入权函数方法，可避免数值积分的困难。由于大坝混凝土存在大骨料随机分布的原因，使得 $CMOD_c$ 不易准确测得，其试验结果常具有一定离散性。文献［18，19］研究了基于峰值荷载的普通混凝土起裂韧度的理论计算方法，避免了 $CMOD_c$ 的测量问题。直接测试法通常采用应变片测量起裂荷载，进而将起裂荷载与初始缝长代入线弹性断裂力学的应力强度因子公式进行计算。由于大坝混凝土裂缝尖端附近存在大骨料的概率远大于普通混凝土，造成其起裂状态较难捕捉。文献［17，20］在预制缝端对称粘贴应变片，通过应变回滞记录起裂荷载的方式成功测得现场浇筑大坝混凝土试件的起裂荷载。其试验研究中发现，当试件裂缝尖端分布大骨料时，须沿裂缝尖端扩展路径上连续粘贴应变片，才能准确捕捉起裂状态和减少试验误差。此外，起裂荷载还可通过读取实测的荷载-裂缝嘴张开口位移曲线（P-$CMOD$ 曲线）的线性段与非线性段的拐点来确定[21,22]。文献［23］基于线性回归理论，利用混凝土断裂试验中裂缝开裂前 P-$CMOD$ 曲线呈线性的关系，结合线性相关系数陡降法，提出了大坝混凝土起裂韧度的确定方法，并应用于大坝混凝土及湿筛混凝土试件的起裂韧度的确定工作中。相比于其他计算方法，所提的线性回归方法操作简便，受人为因素影响小，且无须进行复杂的运算。

以上针对大坝混凝土起裂韧度的确定方法，仍局限于以试验方法为主，对于确定全级配大坝混凝土起裂断裂韧度的理论及分析模型的研究还不充分。因此，开展相关理论与应用模型研究，对于丰富特高拱坝裂缝预测与评估的理论体系，以及解决实际特高拱坝工程裂缝分析问题，就具有重要科研与工程意义。

本节研究适用于楔入劈拉试件形式的大坝混凝土起裂韧度的断裂极值理论，进而计算得到全级配大坝混凝土的起裂韧度，并与现有的应变测试及线性回归等方法进行比较。

8.2.1 计算方法

起裂韧度 $K ini$ I 理论上可由外荷载对应的应力强度因子 K_I^P 和由断裂过程区上黏聚力产生的应力强度因子 K_I^c 进行表示：

$$K_I^P = K_I^c + K_I^{ini}$$ （8-20）

其中，适用于楔入劈拉试件的应力强度因子具体表达式为[15]：

$$K_{\mathrm{I}}^{\mathrm{P}} = \frac{P}{B\sqrt{D}}k(\alpha) \tag{8-21}$$

$$k(\alpha) = 3.675\left[1 - 0.12(\alpha - 0.45)\right](1-\alpha)^{-3/2} \tag{8-22}$$

式中，B 为试件的宽度；$\alpha = a/D$。

基于权函数基本形式可得到断裂过程区上黏聚力产生的应力强度因子表达式[8]：

$$K_{\mathrm{I}}^{\mathrm{c}} = \frac{2}{\sqrt{2\pi a}}g(a) \tag{8-23}$$

$$g(a) = A_1 a\left(2s^{1/2} + M_1 s + \frac{2}{3}M_2 s^{3/2} + \frac{1}{2}M_3 s^2\right) +$$

$$A_2 a^2\left\{\frac{4}{3}s^{3/2} + \frac{M_1}{2}s^2 + \frac{4}{15}M_2 s^{5/2} + \right.$$

$$\left. \frac{M_3}{6}\left[1 - \left(\frac{a_0}{a}\right)^3 - 3s\frac{a_0}{a}\right]\right\} \tag{8-24}$$

式中，$A_1 = \sigma_{\mathrm{s}}(CTOD)$；$A_2 = \dfrac{f_{\mathrm{t}}'(T) - \sigma_{\mathrm{s}}(CTOD)}{a - a_0}$；$s = 1 - \dfrac{a_0}{a}$；$M_1$、$M_2$、$M_3$ 为 a 的函数。

楔入劈拉试件的拉伸软化曲线采用文献 [24] 中全级配大坝混凝土拉伸试验得到的软化曲线，即：

$$\sigma_{\mathrm{s}}(CTOD) = f_{\mathrm{t}}'(T)\left\{1 - \phi\exp\left[-\left(\frac{\lambda}{\frac{CTOD}{\omega_{\mathrm{f}}}}\right)^n\right]\right\} \tag{8-25}$$

$$f_{\mathrm{t}}'(T) = \frac{T}{0.6222T + 2.2944} \tag{8-26}$$

式中，$CTOD$ 为裂缝尖端张开口位移；$f_{\mathrm{t}}'(T)$ 为抗拉强度；T 为龄期；λ，n，ϕ 是受混凝土配合比、试件尺寸和龄期影响的材料参数；ω_{f} 为最大裂缝宽度。

由式（8-20）、式（8-21）和式（8-22），可得楔入劈拉试件的外荷载 P 和起裂韧度 $K_{\mathrm{I}}^{\mathrm{ini}}$ 之间的关系为：

$$P = \frac{B\sqrt{D}}{k(\alpha)}\left[\frac{2}{\sqrt{2\pi a}}g(a) + K_{\mathrm{I}}^{\mathrm{ini}}\right] \tag{8-27}$$

由于假设了在 $P = P_{\max}$ 时 P 对 a 的偏导数连续，因此在极值点处可求得导数为 0。因而可得 $\dfrac{\partial P}{\partial a}$ 的表达式为：

$$\frac{\partial P}{\partial a} = \zeta'(a) + \eta'(a)K_{\mathrm{I}}^{\mathrm{ini}} \tag{8-28}$$

其中：

$$\zeta'(a) = \frac{2B\sqrt{D}}{\sqrt{2\pi}k^2(\alpha)a}\times\left[g'(a)k(\alpha)\sqrt{a} - g(a)\left(k'(\alpha)\sqrt{a} + k(\alpha)\frac{1}{2\sqrt{a}}\right)\right] \tag{8-29}$$

$$\eta'(a) = -B\sqrt{D}\frac{k'(\alpha)}{k^2(\alpha)} \tag{8-30}$$

$$k'(\alpha)=\frac{3.675}{D(1-\alpha)^3}\times\left\{-0.12(1-\alpha)^{3/2}+\frac{3}{2}\left[1-0.12(\alpha-0.45)\right](1-\alpha)^{1/2}\right\} \quad (8\text{-}31)$$

$$g'(a)=(A_1+A_1'a)\left(2s^{1/2}+M_1s+\frac{2}{3}M_2s^{3/2}+\frac{1}{2}M_3s^2\right)+$$

$$A_1a\left[s^{-1/2}s'+M_1s'+M_1's+\frac{2}{3}M_2's^{3/2}+M_2s^{1/2}s'+M_3ss'+\frac{1}{2}M_3's^2\right]+$$

$$A_2a^2\left\{2s^{1/2}s'+M_1ss'+\frac{M_1'}{2}s^2+\frac{2}{3}M_2s^{3/2}s'+\frac{4}{15}M_2's^{5/2}+\right.$$

$$\frac{M_3}{2}\left(\frac{a_0^3}{a^4}-s'\frac{a_0}{a}+s\frac{a_0}{a^2}\right)+\frac{M_3'}{6}\left[1-\left(\frac{a_0}{a}\right)^3-3s\frac{a_0}{a}\right]\right\}+$$

$$(2A_2a+A_2'a^2)\left\{\frac{4}{3}s^{3/2}+\frac{M_1}{2}s^2+\frac{4}{15}M_2s^{5/2}+\right.$$

$$\left.\frac{M_3}{6}\left[1-\left(\frac{a_0}{a}\right)^3-3s\frac{a_0}{a}\right]\right\} \quad (8\text{-}32)$$

式中，M_1'，M_2' 和 M_3' 表达式如下：

$$M_1'=\frac{1}{\left(1-\frac{a}{D}\right)^{-3/2}}\left[\frac{b_1}{D}+2c_1\frac{a}{D^2}+3d_1\frac{a^2}{D^3}+4e_1\frac{a^3}{D^4}+5f_1\frac{a_1^4}{D^5}\right]+$$

$$\frac{3}{2D}\left(1-\frac{a}{D}\right)^{-5/2}\left[a_1+b_1\frac{a}{D}+c_1\left(\frac{a}{D}\right)^2+d_1\left(\frac{a}{D}\right)^3+e_1\left(\frac{a}{D}\right)^4+f_1\left(\frac{a}{D}\right)^5\right]$$

$$M_2'=\frac{b_2}{D}$$

$$M_3'=\frac{1}{\left(1-\frac{a}{D}\right)^{-3/2}}\left[\frac{b_3}{D}+2c_3\frac{a}{D^2}+3d_3\frac{a^2}{D^3}+4e_3\frac{a^3}{D^4}+5f_3\frac{a_1^4}{D^5}\right]+$$

$$\frac{3}{2D}\left(1-\frac{a}{D}\right)^{-5/2}\left[a_3+b_3\frac{a}{D}+c_3\left(\frac{a}{D}\right)^2+d_3\left(\frac{a}{D}\right)^3+e_3\left(\frac{a}{D}\right)^4+f_3\left(\frac{a}{D}\right)^5\right]$$

式中，a_i、b_i、c_i、d_i、e_i、$f_i(i=1\sim3)$ 为权函数参数 M_1、M_2、M_3 的系数。

楔入劈拉试件裂缝嘴张开位移 CMOD 公式形式为[15]：

$$CMOD=\frac{P}{EB}\left[13.18(1-\alpha)^{-2}-9.16\right] \quad (8\text{-}33)$$

式中，E 为弹性模量。

$$CTOD=CMOD\times\left\{\left(1-\frac{a_0}{a}\right)^2+(-1.149\alpha+1.081)\left[\frac{a_0}{a}-\left(\frac{a_0}{a}\right)^2\right]\right\}^{1/2} \quad (8\text{-}34)$$

则可得：

$$A_1'=\frac{\partial\sigma_s(CTOD)}{\partial a}=\frac{\partial\sigma_s(CTOD)}{\partial CTOD}\frac{\partial CTOD}{\partial a}$$

$$A_2'=\frac{-A_1'(a-a_0)-[f_t-\sigma_s(CTOD)]}{(a-a_0)^2}$$

其中：

$$\frac{\partial \sigma_s(CTOD)}{\partial CTOD} = -f'_t(T)\varphi\exp\left[-\left(\frac{\lambda}{\frac{CTOD}{\omega_f}}\right)^n\right] \times n\left(\frac{\lambda\omega_f}{CTOD}\right)^{n-1}\frac{\lambda\omega_f}{CTOD^2}$$

$$\frac{\partial CTOD}{\partial a} = \frac{P}{EB}\left[13.18(1-\alpha)^{-3}\times\frac{2}{D}\right]\times$$

$$\left\{\left(1-\frac{a_0}{a}\right)^2 + (1.081-1.149\alpha)\left[\frac{a_0}{a}-\left(\frac{a_0}{a}\right)^2\right]\right\}^{1/2}$$

$$+\frac{P}{EB}\left[(1-\alpha)^{-2}\times13.18-9.16\right]\times$$

$$\frac{1}{2}\left\{\left(1-\frac{a_0}{a}\right)^2 + (1.081-1.149\alpha)\left[\frac{a_0}{a}-\left(\frac{a_0}{a}\right)^2\right]\right\}^{-1/2}$$

$$\times\left\{2ss' - \frac{1.149}{D}\left[\frac{a_0}{a}-\left(\frac{a_0}{a}\right)^2\right]\right.$$

$$\left.-(1.081-1.149\alpha)\left(\frac{a_0}{a^2}-2\frac{a_0^2}{a^3}\right)\right\}$$

$$s' = \frac{a_0}{a^2}$$

将式（8-28）代入式（7-3），可得大坝混凝土起裂韧度的理论表达式为：

$$K_I^{ini} = -\frac{\zeta'(a)}{\eta'(a)}\bigg|_{a=a_c} \tag{8-35}$$

最终，令式（8-27）中 $a=a_c$，联立式（8-35）可求得临界有效裂缝长度 a_c 和起裂韧度 K_I^{ini}。可见，采用断裂极值理论，只需断裂试验得到试件的峰值荷载，即可确定该试件的起裂韧度。

8.2.2 计算结果与讨论

文献［10］中给出了现场浇筑大坝混凝土试件的数量、尺寸、龄期、弹性模量、峰值荷载以及初始裂缝长度，具体数据如表 8-8 所示。采用文献［24］中给出的拉伸软化曲线中针对全级配大坝混凝土 $f'_t(T)$，ω_f，ϕ，λ，n 的取值，利用断裂极值理论可以得到所有试件的起裂韧度如表 8-9 所示。

试件尺寸及参数 表 8-8

试件	每组数量	试件尺寸				E (GPa)	T (d)	P_{max} (kN)
		S (mm)	D (mm)	a_0 (mm)	B (mm)			
D800-28	4	800	800	320	450	23.0	28	58.7
D800-90	3	800	800	320	450	25.0	90	68.9
D800-180	2	800	800	320	450	28.9	180	73.3
D1000-180	3	1000	1000	400	450	26.0	180	88.4
D1200-180	3	1200	1200	480	450	24.7	180	89.6

由表 8-9 中起裂韧度的平均值对比可知，对于尺寸为 800mm×800mm×450mm 的试

件，随着龄期的增长，起裂韧度也增大；同样由表 8-8 可知，对于龄期均为 180d、试件尺寸分别为 800mm×800mm×450mm，1000mm×1000mm×450mm 和 1200mm×1200mm×450mm 的三组试件，随着试件高度的变化，起裂韧度变化不大，表明大坝混凝土的起裂韧度无明显的尺寸效应。

计算结果　　　　　　　　　　　　　　　　　　　　　　　表 8-9

试件编号	计算临界有效缝长(m)	临界扩展长度(m)	a_c/D	计算 $CMOD_c$ (μm)	计算起裂韧度 K_I^{ini}(MPa·m$^{1/2}$)
D800-28	0.4194	0.0994	0.52425	256.97	0.674
D800-28	0.4050	0.0850	0.50625	252.93	0.792
D800-28	0.4099	0.0899	0.51238	253.93	0.750
D800-28	0.3953	0.0753	0.49413	252.42	0.884
平均值	0.4074	0.0874	0.50925	254.06	0.775
D800-90	0.3997	0.0797	0.49963	252.38	0.914
D800-90	0.3762	0.0562	0.47025	258.75	1.213
D800-90	0.4113	0.0913	0.51412	254.30	0.802
平均值	0.3957	0.0757	0.49467	255.14	0.976
D800-180	0.3790	0.0590	0.47375	238.46	1.215
D800-180	0.3972	0.0772	0.49650	234.36	0.979
平均值	0.3881	0.0681	0.48513	236.41	1.097
D1000-180	0.4824	0.0824	0.48240	301.12	1.175
D1000-180	0.4873	0.0873	0.48730	299.82	1.120
D1000-180	0.4815	0.0815	0.48150	301.54	1.185
平均值	0.4837	0.0837	0.48373	300.83	1.160
D1200-180	0.6121	0.1321	0.51008	363.47	0.935
D1200-180	0.6263	0.1463	0.52192	366.57	0.834
D1200-180	0.5898	0.1098	0.49150	363.39	1.121
平均值	0.6094	0.1294	0.50783	364.48	0.963

文献 [20，23] 针对相同的试验分别采用应变测试和线性回归的方法得到不同龄期、不同尺寸下的大坝混凝土楔入劈拉试件的起裂韧度。通过图 8-5 和图 8-6 可以对比不同龄期和不同尺寸的试件在三种方法下得到的起裂韧度值，采用应变测试方法测量的结果略高于其他两种方法的结果，但总体上看，三种方法得到的结果比较接近，从而证明了断裂极值理论计算大坝混凝土起裂韧度的可行性和合理性。

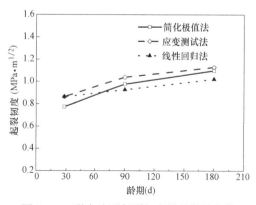

图 8-5　三种方法下起裂韧度随龄期的变化

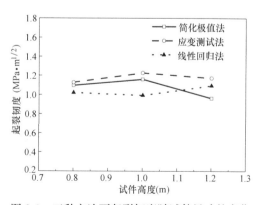

图 8-6　三种方法下起裂韧度随试件尺寸的变化

8.2.3 裂缝张开位移公式对起裂韧度的影响

为研究不同位移公式对计算结果的影响，采用四种不同公式进行对比计算。文献［25］提出的混凝土断裂双参数模型中，引入了临界裂缝尖端张开位移 $CTOD$，提出了裂缝张开位移公式（8-34）。

文献［26］通过楔入式紧凑拉伸混凝土断裂试验，研究了裂缝扩展整个过程中裂缝尖端张开位移与裂缝嘴张开位移之间的关系，提出了计算裂缝尖端张开口位移公式：

$$CTOD = CMOD \times \left\{ 1 - 4\alpha_0 \left[1.8838 \exp\left(-\frac{\alpha}{0.23327} \right) + 0.2471 \right] \right\} \tag{8-36}$$

文献［27］利用峰值荷载法研究全级配水工混凝土试件的断裂参数，并通过有限元方法得裂缝尖端张开口位移计算公式：

$$CTOD = CMOD \times \sqrt{C_0 + C_1\left(\frac{y}{a}\right) + C_2\left(\frac{y}{a}\right)^2 + C_3\left(\frac{y}{a}\right)^3 + C_4\left(\frac{y}{a}\right)^4 + C_5\left(\frac{y}{a}\right)^5 + C_6\left(\frac{y}{a}\right)^6} \tag{8-37}$$

若采用简单的线性位移公式，则可以表示为：

$$CTOD = CMOD \times \left(1 - \frac{a_0}{a} \right) \tag{8-38}$$

分别采用公式（8-34）、式（8-36）～式（8-38）四种不同的位移公式进行计算的结果对比参见表8-10。

不同位移公式计算的起裂韧度　　　　　　　　　　　表 8-10

试件编号	采用公式 (9-35)	采用公式 (9-37)	采用公式 (9-38)	采用公式 (9-39)	最大相差(%)
D800-28	0.674	0.644	0.648	0.624	
D800-28	0.792	0.763	0.767	0.744	
D800-28	0.750	0.720	0.724	0.700	
D800-28	0.884	0.856	0.861	0.838	
平均值	0.775	0.771	0.750	0.727	6.2
D800-90	0.914	0.882	0.887	0.863	
D800-90	1.213	1.186	1.193	1.168	
D800-90	0.802	0.770	0.775	0.748	
平均值	0.976	0.946	0.952	0.926	5.1
D800-180	1.215	1.188	1.194	1.170	
D800-180	0.979	0.950	0.954	0.929	
平均值	1.097	1.069	1.074	1.050	4.3

续表

试件编号	采用公式 (9-35)	采用公式 (9-37)	采用公式 (9-38)	采用公式 (9-39)	最大相差(%)
D1000-180	1.175	1.141	1.147	1.118	
D1000-180	1.120	1.084	1.091	1.061	
D1000-180	1.185	1.151	1.158	1.128	
平均值	1.160	1.125	1.132	1.102	5.0
D1200-180	0.935	0.894	0.901	0.866	
D1200-180	0.834	0.792	0.798	0.763	
D1200-180	1.121	1.081	1.089	1.054	
平均值	0.963	0.922	0.929	0.894	8.1

由表 8-10 可以看出，断裂极值理论在不同位移公式下起裂韧度的计算结果相近。采用不同的裂缝张开位移公式计算的结果中最大与最小值的差值最大仅为 8.1%，可见裂缝张开位移形式对起裂韧度无明显影响，即使采用最简单的线性位移公式，采用断裂极值理论仍能得到较为精确的计算结果。

8.2.4　小结

本节基于混凝土起裂韧度准则及断裂极值理论的基本假设，建立了确定楔入劈拉试件起裂韧度的断裂极值方法与相应模型，并给出了相应的计算方法。研究了不同裂缝张开位移形式对计算结果的影响，并将断裂极值理论确定的大坝混凝土起裂韧度值与现有方法进行了比较。本节所提方法从理论分析的角度得到计算大坝混凝土起裂断裂韧度的解析表达式，无须测量 $CMOD_c$ 的试验值，避开了复杂的数值积分运算和传统利用粘贴应变片测量起裂荷载的方法。

断裂极值理论可较稳定地计算不同龄期与不同尺寸全级配大坝混凝土楔入劈拉试件的起裂韧度。即使采用最简单的线性位移公式，仍能得到较为精确的计算效果。采用断裂极值理论确定的大坝混凝土起裂韧度与应变测试法和线性回归方法的结果对比较好，从而验证了断裂极值理论的合理性与适用性。

参考文献

[1] Ince R. Determination of the fracture parameters of the Double-K model using weight functions of split-tension specimens. Engineering Fracture Mechanics 2012，96：416-432.

[2] Ince R. Determination of concrete fracture parameters based on two-parameter and size effect models using split-tension cubes. Engineering Fracture Mechanics 2010，77 (12)：2233-2250.

[3] Hu S W, Zhang X F, Xu S L. Effects of loading rates on concrete double-K fracture parameters. Engineering Fracture Mechanics 2015，149：58-73.

[4] 吴智敏，董伟，刘康，杨树桐. 混凝土Ⅰ型裂缝扩展准则及裂缝扩展全过程的数值模拟. 水利学报，2007 (12)：1453-1459.

[5] Dong W, Zhou X M, Wu Z M. On fracture process zone and crack extension resistance of concrete based on initial fracture toughness. Construction and Building Materials 2013，49：352-363.

[6] Kumar S, Barai S V. Determining double-K fracture parameters of concrete for compact tension and wedge splitting tests using weight function. Engineering Fracture Mechanics 2009，76 (7)：935-948.

[7] Tang T. Effects of load-distributed width on split-tension of unnotched and notched cylindrical spec-

imens. Journal of Testing and Evaluation 1994，22（5）：401-409.

［8］Karihaloo B L，Nallathambi P. Notched beam test：Mode I fracture toughness. Fracture Mechanics Test Methods for Concrete 1991，89：1-86.

［9］ACI-318. Building code requirements for structural concrete and commentary. Michigan：Farmington Hills，2002.

［10］Li Q B，Guan J F，Wu Z M，et al. Fracture behavior of site-casting dam concrete. ACI Materials Journal 2015，112（1）：11-20.

［11］Guan J F，Li Q B，Wu Z M，et al. Fracture parameters of site-cast dam and sieved concrete. Magazine of Concrete Research 2015，68（1）：1-12.

［12］Li Q B，Guan J F，Wu Z M，et al. Equivalent maturity for ambient temperature effect on fracture parameters of site-casting dam concrete. Construction and Building Materials 2016，120：293-308.

［13］Xu S L，Reinhardt H W. Determination of double-K criterion for crack propagation in quasi-brittle fracture，Part I：Experimental investigation of crack propagation. International Journal of Fracture 1999，98（2）：111-149.

［14］李庆斌，卿龙邦，管俊峰. 混凝土裂缝断裂全过程受黏聚力分布的影响分析. 水利学报，2012，43（S1）：31-36.

［15］Xu S L，Reinhardt H W. Determination of double-K，criterion for crack propagation in quasi-brittle fracture，Part III：Compact tension specimens and wedge splitting specimens. International Journal of Fracture 1999，98（2）：179-193.

［16］赵志方. 基于裂缝黏聚力的大坝混凝土断裂特性研究. 北京：清华大学，2004.

［17］管俊峰，李庆斌，吴智敏，等. 现场浇筑大坝混凝土起裂断裂韧度研究. 水利学报，2014，45（12）：1487-1492.

［18］Qing L B，Li Q B. A theoretical method for determining initiation toughness based on experimental peak load. Engineering Fracture Mechanics 2013，99（1）：295-305.

［19］Qing L B，Nie Y T，Wang J，et al. A simplified extreme method for determining double-K fracture parameters of concrete using experimental peak load. Fatigue and Fracture of Engineering Materials and Structures 2017，40（2）：254-266.

［20］管俊峰，李庆斌，吴智敏，等. 现场浇筑大坝混凝土断裂参数与等效成熟度关系研究. 水利学报，2015，46（8）：951-959.

［21］Reinhardt H W，Xu S L. Crack extension resistance based on the cohesive force in concrete. Engineering Fracture Mechanics 1999，64（5）：563-587.

［22］Zhang J，Leung C K Y，Xu S L. Evaluation of fracture parameters of concrete from bending test using inverse analysis approach. Materials and structures 2010，43（6）：857-874.

［23］卿龙邦，聂雅彤，刘宁，管俊峰. 基于线性回归的大坝混凝土起裂韧度确定方法. 水力发电学报，2016，35（08）：25-31.

［24］Deng Z C，Li Q B. Effects of aggregate type on mechanical behavior of dam concrete. ACI Materials Journal 2004，101（6）：483-492.

［25］Jenq Y，Shah S P. Two Parameter Fracture Model for Concrete. Journal of Engineering Mechanics 1985，111（10）：1227-1241.

［26］徐世烺，张秀芳，卜丹. 混凝土裂缝扩展过程中裂尖张开口位移（CTOD）与裂缝嘴张开口位移（CMOD）的变化关系分析. 工程力学，2011，28（05）：64-70.

［27］管俊峰，李庆斌，吴智敏. 采用峰值荷载法确定全级配水工混凝土断裂参数. 工程力学，2014，31（08）：8-13.

第9章 基于断裂极值理论确定混凝土抗拉强度与等效断裂韧度

采用强度准则作为裂缝扩展准则，基于断裂极值理论，介绍了应用三点弯曲梁和楔入劈拉试件的断裂试验确定混凝土抗拉强度与等效断裂韧度的理论计算方法。通过与试验值进行对比，验证了断裂极值理论的适用性与合理性。

9.1 三点弯曲梁断裂试件

9.1.1 理论推导

基于虚拟裂缝模型，对三点弯曲梁试件断裂过程做出如下假定[1]：

（1）平截面假定。即试件未开裂部分的应变沿梁高呈线性分布；混凝土的压缩弹性模量等于其拉伸弹性模量。

（2）试件的裂缝张开面保持为平面。即裂缝张开位移沿梁高呈线性分布。

图 9-1 展示了一个跨度为 L，高度为 h，厚度为 b 和初始裂缝长度为 a_0 的标准三点弯曲梁试件。断裂试验过程中梁跨中截面的应力和应变分布分别表示于图 9-1 和图 9-2 中。

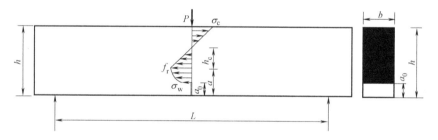

图 9-1 梁跨中截面的应力分布

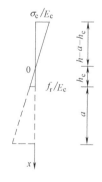

图 9-2 梁跨中截面的应变分布

坐标原点和 x 轴标于图 9-2 中。σ_c 为试件顶端的压应力，h_c 为虚拟裂缝尖端到中和轴的距离。

采用 Reinhardt 等[2] 提出的拉伸软化曲线来描述断裂过程区内黏聚力 σ_w 和虚拟裂缝张开位移 w 之间的关系：

$$\sigma_w = f_r \left\{ \left[1 + \frac{c_1^3}{w_0^3} w^3 \right] \exp\left(-\frac{c_2}{w_0} w \right) - \frac{(1+c_1^3)\exp(-c_2)}{w_0} w \right\} \tag{9-1}$$

式中，c_1、c_2 和 w_0 为可以确定拉伸软化曲线形状的材料参数。在式（9-1）中轴心抗拉强度 f_t 采用弯曲抗拉强度 f_r 代替[1]。

根据第二条假定，断裂过程区内虚拟裂缝张开位移 w 和裂缝尖端张开位移 $CTOD$ 的关系可以表示为：

$$w = \frac{x - h_c}{a - a_0} CTOD \quad (h_c \leqslant x \leqslant h_c + a - a_0) \tag{9-2}$$

将式（9-2）代入式（9-1），可得到黏聚力 σ_w 表达式为：

$$\sigma_w = f_r \left\{ \left[1 + \frac{c_1^3}{w_0^3} (CTOD)^3 \left(\frac{x - h_c}{a - a_0} \right)^3 \right] \exp\left[-\frac{c_2}{w_0} CTOD \left(\frac{x - h_c}{a - a_0} \right) \right] \right.$$
$$\left. - \frac{(1+c_1^3)\exp(-c_2)}{w_0} CTOD \left(\frac{x - h_c}{a - a_0} \right) \right\}$$
$$(h_c \leqslant x \leqslant h_c + a - a_0) \tag{9-3}$$

根据图 9-1 中的应力分布，可以得到力的平衡表达式为：

$$\frac{1}{2}\sigma_c b(h - a - h_c) - \frac{1}{2} f_r b h_c - \int_{h_c}^{h_c + a - a_0} \sigma_w b \, \mathrm{d}x = 0 \tag{9-4}$$

进一步，可得到力矩平衡的表达式为：

$$\frac{1}{3}\sigma_c b(h - a - h_c)^2 + \frac{1}{3} f_r b h_c^2 + \int_{h_c}^{h_c + a - a_0} \sigma_w b x \, \mathrm{d}x = \frac{L}{4}\left(P + \frac{1}{2}W \right) \tag{9-5}$$

式中，W 为试件的自重。

根据图 9-2 和第一条假定，σ_c 和 f_r 的关系可以表示为：

$$\frac{\sigma_c / E_c}{f_r / E_c} = \frac{h - a - h_c}{h_c} \Rightarrow \sigma_c = \frac{f_r (h - a - h_c)}{h_c} \tag{9-6}$$

式中，E_c 为混凝土的弹性模量。

将式（9-3）和式（9-6）代入式（9-4），h_c 可以表示如下：

$$h_c = \cfrac{(h-a)^2}{2(h-a) + (a-a_0)\left\{ \cfrac{2w_0}{c_2 CTOD}\left(1 + \cfrac{6c_1^3}{c_2^3} \right) - \cfrac{(1+c_1^3)\exp(-c_2)}{w_0} CTOD - \right.}$$

$$\cfrac{(h-a)^2}{\cfrac{2w_0^4}{c_2^4 CTOD}\left[\cfrac{c_1^3 c_2^3}{w_0^6}(CTOD)^3 + 3\cfrac{c_1^3 c_2^2}{w_0^5}(CTOD)^2 + 6\cfrac{c_1^3 c_2}{w_0^4}CTOD + 6\cfrac{c_1^3}{w_0^3} + \cfrac{c_2^3}{w_0^3} \right]}$$

$$\left. \cfrac{(h-a)^2}{\exp\left(-\cfrac{c_2 CTOD}{w_0} \right)} \right\} \tag{9-7}$$

进一步，将式（9-3）和式（9-6）代入式（9-5）可得到如下的方程式：

$$\frac{\left(P+\dfrac{W}{2}\right)L}{4f_t b}=\frac{(h-a)^3}{3h_c}-(h-a)^2+(h-a)h_c+\frac{(a-a_0)w_0}{c_2 CTOD}\left[h_c+\frac{(a-a_0)w_0}{c_2 CTOD}\right]-$$

$$\frac{(1+c_1^3)\exp(-c_2)}{w_0}CTOD(a-a_0)\left(\frac{1}{2}h_c+\frac{1}{3}a-\frac{1}{3}a_0\right)+$$

$$\frac{6c_1^3 w_0 h_c(a-a_0)}{c_2^4 CTOD}+\frac{24c_1^3 w_0^2(a-a_0)^2}{c_2^5(CTOD)^2}-\frac{(a-a_0)w_0}{c_2 CTOD}\left[h_c+a-a_0+\frac{(a-a_0)w_0}{c_2 CTOD}\right]\exp\left(-\frac{c_2 CTOD}{w_0}\right)-$$

$$\frac{c_1^3 w_0 h_c(a-a_0)}{c_2^4 CTOD}\left[\frac{c_2^3(CTOD)^3}{w_0^3}+\frac{3c_2^2(CTOD)^2}{w_0^2}+\frac{6c_2 CTOD}{w_0}+6\right]\exp\left(-\frac{c_2 CTOD}{w_0}\right)-$$

$$\frac{c_1^3 w_0^2(a-a_0)^2}{c_2^5(CTOD)^2}\left[\frac{c_2^4(CTOD)^4}{w_0^4}+\frac{4c_2^3(CTOD)^3}{w_0^3}+\frac{12c_2^2(CTOD)^2}{w_0^2}+\frac{24c_2 CTOD}{w_0}+24\right]\exp\left(-\frac{c_2 CTOD}{w_0}\right)$$

$$(9\text{-}8)$$

根据第二条假定，$CTOD$ 可以由 $CMOD$ 表示为：

$$CTOD=\frac{a-a_0}{a}CMOD \tag{9-9}$$

而 $CMOD$ 在线弹性断裂力学中表示为[3]：

$$CMOD=\frac{6PLa}{h^2 bE_c}\left[0.76-2.28\alpha+3.87\alpha^2-2.04\alpha^3+\frac{0.66}{(1-\alpha)^2}\right] \tag{9-10}$$

其中，$\alpha=a/h$。式（9-10）适用于 $L/h=4$ 的试件。

将式（9-7）、式（9-9）和式（9-10）代入式（9-8）中，可得到外荷载 P 关于有效裂缝长度 a 的表达式。

基于断裂极值理论，将 $a=a_c$ 和 $P=P_{max}$ 代入式（7-3）和式（9-8）中，联立求解，可计算得到弯曲抗拉强度 f_r 和临界有效裂缝长度 a_c 的值。

混凝土的弯曲抗拉强度 f_r 和轴心抗拉强度 f_t 关系在文献［4］中表示为：

$$f_r=0.62(f_c')^{1/2} \tag{9-11a}$$

$$f_t=0.4983(f_c')^{1/2} \tag{9-11b}$$

根据欧洲规范[5]，同样可得到混凝土的弯曲抗拉强度 f_r 和轴心抗拉强度 f_t 关系：

$$f_r=\max\{(1.6-h/1000)f_t；f_t\} \tag{9-12a}$$

$$f_t=0.3\times f_{ck}^{2/3} \tag{9-12b}$$

$$f_c'=f_{ck}+8（MPa） \tag{9-12c}$$

式中，f_{ck} 为 28d 混凝土的抗压强度；f_c' 为混凝土的抗压强度。

将计算得到的 a_c 值和试验测试得到的 P_{max} 值代入 Tada 等[3] 提出的应力强度因子计算公式中，可得到三点弯曲梁的等效断裂韧度 K_{IC}^e 为：

$$K_{IC}^{e} = \frac{3(2P_{max} + W)L}{4bh^2}\sqrt{a}\,k(\alpha) \tag{9-13}$$

其中：

$$k(\alpha) = \frac{1.99 - \alpha(1-\alpha)(2.15 - 3.93\alpha + 2.7\alpha^2)}{(1+2\alpha)(1-\alpha)^{3/2}} \tag{9-14}$$

9.1.2 计算结果与讨论

具有不同初始缝高比的 B 和 C 系列三点弯曲梁试件的试验数据分别列于表 9-1 和表 9-2 中。采用所提出的方法分别计算得到 B 和 C 系列试件的临界裂缝扩展长度 Δa_c，临界裂缝尖端张开位移 $CTOD_c$，等效断裂韧度 K_{IC}^{e} 和轴心抗拉强度 f_t 的值。将断裂极值理论计算得到的 B 和 C 系列试件的 Δa_c，$CTOD_c$，K_{IC}^{e} 和 f_t 值与文献 [1] 计算得到的结果进行对比，分别列于表 9-1 和表 9-2 中。

考虑到小尺寸三点弯曲梁试件裂缝尖端断裂过程区的形成受试件未开裂部分韧带高度的影响[7]，未对 $h=203$mm 的试件中 $a_0/h > 0.7$ 和 $h=305$mm 的试件中 $a_0/h > 0.75$ 的试验数据进行计算分析。对于普通混凝土，式（9-1）中参数 $c_1=3$，$c_2=7$ 和 $w_0=160\mu m$[2]。在文献 [7] 中由试验分别测得 B 和 C 系列试件圆柱体抗压强度 f_c' 值分别为 53.1MPa 和 54.4MPa。因此，由式（9-11b）可分别计算得到 B 和 C 系列试件的轴心抗拉强度 $f_t=3.63$MPa 和 $f_t=3.68$MPa。由式（9-12）可分别计算得到 B 和 C 系列试件的轴心抗拉强度 $f_t=3.80$MPa 和 $f_t=3.87$MPa。

由表 9-1 和表 9-2 可以看出，计算得到的 B 和 C 系列试件的 f_t 值与通过抗压试验由式（9-11b）和式（9-12）计算得到的 f_t 值非常接近。B 和 C 系列试件计算结果与由式（9-11）计算得到的结果相对误差分别为 11.29% 和 5.14%。采用断裂极值理论得到的计算结果与式（9-12）计算得到的结果相对误差分别为 5.26% 和 12.92%。由此可以看出，采用式（9-11）和式（9-12）得到的计算结果并无太大的差异。图 9-3 比较了断裂极值理论和文献 [1] 提出的方法计算得到的 B 和 C 系列试件 a_c/h 值。由图 9-3 可以两种方法计算结果非常接近。由图 9-4 可以看出，断裂极值理论计算得到的 $CTOD_c$ 的值略大于文献 [1] 提出的方法计算得到的结果，但两种方法计算得到的 $CTOD_c$ 值均随 a_0/h 的增加而无明显变化，这与双参数模型[8] 中认为 $CTOD_c$ 是一种材料参数的理论相互验证。图 9-5 中展示了断裂极值理论与文献 [1] 提出的方法计算得到 K_{IC}^{e} 值的对比结果。由图 9-5 可以看出，由两种方法计算得到的单个试件的 K_{IC}^{e} 值略有偏差，但采用两种方法计算得到的 K_{IC}^{e} 平均值很接近。对于两种方法计算得到的单个试件的 K_{IC}^{e} 的不同，可能的原因是文献 [1] 中峰值荷载是根据给定的试件弯曲抗拉强度值，考虑拉格朗日乘数得到的，而断裂极值理论所用峰值荷载由断裂试验测得，试验过程中测试得到的峰值荷载存在一定的离散性。从图 9-6 中可以看出，对于 B 和 C 系列试件，Δa_c 的值均随着 a_0/h 的增大而减小。

边界效应模型中指出，对于梁高 h 不变的试件，随着 a_0/h 的增加，试件前边界对断裂过程区的影响逐渐变小，而后边界的影响逐渐变大。但是对于 h 较小的试件，随着 a_0/h 的增加，K_{IC}^{e} 变化不明显。B 系列和 C 系列试件的等效断裂韧度 K_{IC}^{e} 和临界有效裂缝扩展长度 Δa_c 值的变化刚好验证了边界效应的理论。

表 9-1

B 系列试件的 Δa_c, $CTOD_c$ 和 K^e_{IC} 计算结果对比 ($b \times h \times L = 76 \times 203 \times 762$mm, $E_c = 38.4$GPa)

试件编号	a_0/h	P_{max}(N)	Δa_c(mm)			$CTOD_c$(μm)			K^e_{IC}(MPa·m$^{1/2}$)			f_t(MPa)	
			文献[1]计算结果(1)	本节计算结果(2)	(1)/(2)	文献[1]计算结果(3)	本节计算结果(4)	(3)/(4)	文献[1]计算结果(5)	本节计算结果(6)	(5)/(6)	采用式(9-11)	采用式(9-12)
B16	0.309	5790	22.94	25.70	0.893	13.4	13.6	0.985	1.595	1.426	1.119	3.07	2.73
B4	0.319	5612	22.74	25.20	0.902	13.4	13.2	1.014	1.595	1.412	1.130	3.05	2.72
B36	0.431	4409	21.32	22.40	0.952	12.9	13.0	0.989	1.578	1.522	1.037	3.42	3.05
B3	0.442	4365	21.32	21.90	0.973	12.8	13.1	0.979	1.575	1.552	1.015	3.53	3.14
B31	0.45	4855	21.11	19.90	1.061	12.8	13.1	0.976	1.573	1.710	0.920	4.08	3.64
B37	0.455	4676	21.11	20.40	1.035	12.8	13.3	0.959	1.571	1.692	0.928	3.99	3.56
B18	0.478	4053	20.71	20.70	1.000	12.7	13.0	0.975	1.565	1.609	0.973	3.75	3.34
B40	0.49	3830	20.50	20.50	1.000	12.6	12.8	0.984	1.561	1.587	0.984	3.70	3.29
B45	0.55	3563	19.49	17.80	1.095	12.3	13.0	0.949	1.54	1.781	0.865	4.44	3.96
B5	0.558	3207	19.29	18.60	1.037	12.2	13.0	0.939	1.538	1.696	0.907	4.12	3.67
B39	0.588	2539	18.68	18.60	1.004	12.0	12.2	0.986	1.526	1.554	0.982	3.71	3.31
B44	0.594	3073	18.47	16.70	1.106	12.0	13.0	0.926	1.524	1.833	0.831	4.70	4.19
B25	0.617	2784	18.07	16.20	1.115	11.9	12.9	0.922	1.514	1.843	0.821	4.78	4.26
B21	0.626	2450	17.86	16.80	1.063	11.8	12.7	0.927	1.511	1.737	0.870	4.39	3.91
B38	0.631	2539	17.66	16.00	1.104	11.8	12.7	0.932	1.508	1.807	0.835	4.69	4.18
B22	0.631	2450	17.66	16.40	1.077	11.8	12.7	0.930	1.508	1.765	0.854	4.52	4.02
B8	0.636	2227	17.66	16.80	1.051	11.7	12.4	0.946	1.507	1.673	0.901	4.20	3.74
B7	0.648	2249	17.26	15.80	1.092	11.6	12.4	0.939	1.502	1.757	0.855	4.56	4.06
平均值	—	—	—	—	1.031	12.4	12.9	0.959	1.544	1.664	0.935	4.04	3.60

C 系列试件的 Δa_c, $CTOD_c$ 和 K_{IC}^e 计算结果对比 ($b \times h \times L = 76 \times 305 \times 1143mm$, $E_c = 39.3GPa$)

表 9-2

试件编号	a_0/h	P_{max}(N)	Δa_c(mm)			$CTOD_c$(μm)			K_{IC}^e(MPa·m$^{1/2}$)			f_t(MPa)	
			文献[1]计算结果(1)	本节计算结果(2)	(1)/(2)	文献[1]计算结果(3)	本节计算结果(4)	(3)/(4)	文献[1]计算结果(5)	本节计算结果(6)	(5)/(6)	采用式(9-11)	采用式(9-12)
C23	0.379	6013	26.54	32.21	0.824	13.8	13.5	1.022	1.779	1.435	1.240	2.72	2.62
C22	0.381	7660	26.54	27.51	0.965	13.8	14.0	0.986	1.778	1.735	1.025	3.54	3.41
C1	0.403	6547	26.23	28.61	0.917	13.7	13.6	1.007	1.773	1.614	1.099	3.23	3.10
C24	0.426	6124	25.93	28.61	0.906	13.6	13.8	0.986	1.766	1.633	1.081	3.27	3.14
C2	0.437	6057	25.93	27.82	0.932	13.6	13.7	0.993	1.762	1.661	1.061	3.37	3.24
C3	0.44	5879	25.93	28.61	0.906	13.5	14.0	0.966	1.762	1.644	1.072	3.30	3.17
C15	0.453	4899	25.62	30.71	0.834	13.5	13.6	0.995	1.756	1.484	1.183	2.86	2.75
C21	0.465	5879	25.62	26.41	0.970	13.4	13.9	0.964	1.752	1.747	1.003	3.62	3.48
C4	0.478	5612	25.32	25.80	0.981	13.4	13.5	0.993	1.747	1.737	1.006	3.63	3.49
C20	0.504	4676	25.01	27.15	0.921	13.2	13.5	0.978	1.737	1.635	1.062	3.34	3.21
C16	0.507	5077	25.01	25.19	0.993	13.2	13.5	0.981	1.735	1.747	0.993	3.69	3.54
C6	0.515	4543	24.71	26.50	0.932	13.2	13.4	0.985	1.731	1.650	1.049	3.40	3.27
C26	0.529	4276	24.71	26.20	0.943	13.1	13.3	0.985	1.725	1.640	1.052	3.39	3.26
C5	0.546	4543	24.40	24.00	1.017	13.0	13.6	0.956	1.718	1.807	0.951	3.91	3.75
C19	0.549	4498	24.10	23.70	1.017	13.0	13.4	0.970	1.716	1.803	0.952	3.91	3.76
C17	0.556	4276	24.10	23.91	1.008	13.0	13.4	0.970	1.712	1.777	0.963	3.84	3.69
C7	0.597	3385	23.18	23.79	0.974	12.7	13.1	0.969	1.693	1.712	0.989	3.69	3.54
C30	0.611	3118	22.88	23.40	0.978	12.6	12.8	0.981	1.686	1.689	0.998	3.66	3.52
C29	0.612	2984	22.88	24.20	0.945	12.6	13.0	0.971	1.686	1.651	1.021	3.51	3.37
C27	0.616	2895	22.88	24.10	0.949	12.6	12.8	0.982	1.683	1.636	1.029	3.48	3.34
C8	0.631	3207	22.57	21.10	1.070	12.5	12.9	0.972	1.676	1.842	0.910	4.20	4.04
C9	0.638	2450	22.27	24.30	0.916	12.4	12.7	0.977	1.673	1.585	1.056	3.33	3.20
C28	0.639	2628	22.27	23.20	0.960	12.4	12.8	0.971	1.673	1.663	1.006	3.59	3.45
C10	0.648	2494	22.27	22.70	0.981	12.3	12.5	0.984	1.669	1.654	1.009	3.60	3.46
平均值	—	—	—	—	0.952	13.1	13.3	0.981	1.725	1.674	1.034	3.50	3.37

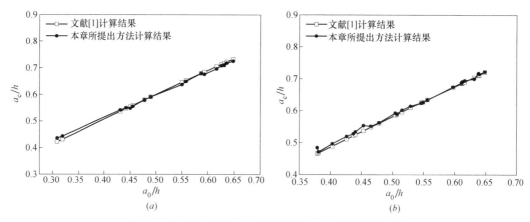

图 9-3　B 系列试件和 C 系列试件的 a_c/h 计算结果对比

（a）B 系列；（b）C 系列

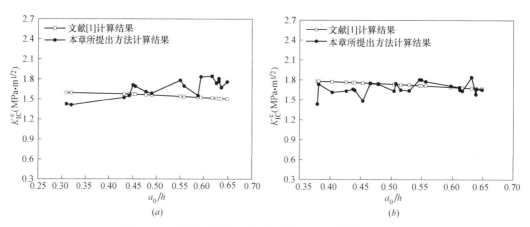

图 9-4　B 系列试件和 C 系列试件的 $CTOD_\mathrm{c}$ 计算结果对比

（a）B 系列；（b）C 系列

图 9-5　B 系列试件和 C 系列试件的 K_IC^e 计算结果对比

（a）B 系列；（b）C 系列

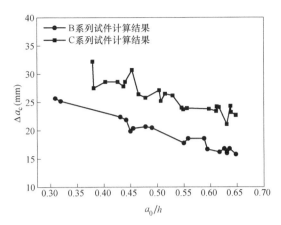

图 9-6　本节提出理论方法计算得到 B 系列试件和
C 系列试件的 Δa_c 值

9.1.3　小结

基于虚拟裂缝模型和断裂极值理论，提出了确定混凝土抗拉强度 f_t 与等效断裂韧度 K_{IC}^e 的理论计算方法。以三点弯曲梁试件断裂试验为例阐释了该方法的适用性。采用跨中截面力的平衡公式和力矩平衡公式计算得到了不同初始缝高比三点弯曲梁试件的轴心抗拉强度 f_t，临界裂缝尖端张开位移 $CTOD_c$，临界有效裂缝扩展长度 Δa_c 和等效断裂韧度 K_{IC}^e 值。通过现有的试验数据验证了断裂极值理论的适用性。可得到如下结论：

（1）采用所提出的理论计算方法，可直接应用单个试件的断裂试验测试得到的峰值荷载计算混凝土的抗拉强度 f_t 与等效断裂韧度 K_{IC}^e。

（2）断裂极值理论计算得到的抗拉强度 f_t 与等效断裂韧度 K_{IC}^e 值与现在试验数据和分析方法得到的结果接近，验证了断裂极值理论的可靠性。

（3）断裂极值理论计算得到的 K_{IC}^e 对试件的初始缝高比不敏感。且由于试件后边界的影响导致 Δa_c 随初始缝高比的增大而减小。所提出方法计算得到的 K_{IC}^e 和 Δa_c 值的变化规律与边界效应模型中规律相符。

9.2　楔入劈拉试件

9.2.1　理论推导

根据 9.1 节中三点弯曲梁试件断裂过程的假定，对楔入劈拉试件的断裂过程进行相同的假定。

断裂试验中常用的楔入劈拉试件的尺寸、形状及试验中力的加载方式如图 9-7 所示。对于标准型试件，$W=1.2h$；对于非标准型试件，$W=1.0h$。根据假定，楔入劈拉试件在断裂试验过程中跨中截面的应力分布和应变分布如图 9-8 和图 9-9 所示。σ_c 为试件底端的压应力。

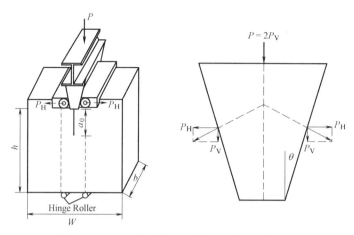

图 9-7　楔入劈拉试件的试件尺寸及试验装置图

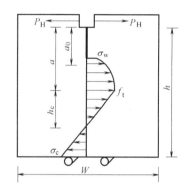

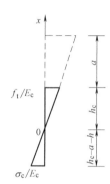

图 9-8　楔入劈拉试件跨中截面应力分布　　　图 9-9　楔入劈拉试件跨中截面应变分布

原点和 x 轴位置如图 9-9 所示。Reinhardt 等[2] 提出了混凝土的拉伸软化曲线来描述断裂过程区内黏聚力 σ_{w} 与虚拟裂缝张开位移 w 之间的关系：

$$\sigma_{\mathrm{w}}=f_{\mathrm{t}}\left\{\left[1+\frac{c_1^3}{w_0^3}w^3\right]\exp\left(-\frac{c_2}{w_0}w\right)-\frac{(1+c_1^3)\exp(-c_2)}{w_0}w\right\} \tag{9-15}$$

式中，c_1、c_2 和 w_0 为拉伸软化曲线中的材料参数，用来确定软化曲线的形状。

由于假定中假设裂缝张开面保持为平面，因此沿 x 轴方向虚拟裂缝张开位移 w 可以用裂缝尖端张开位移 $CTOD$ 表示为：

$$w=\frac{x-h_{\mathrm{c}}}{a-a_0}CTOD \quad (h_{\mathrm{c}}\leqslant x\leqslant h_{\mathrm{c}}+a-a_0) \tag{9-16}$$

式中，h_{c} 为虚拟裂缝尖端到中和轴的距离。

因此，将式（9-16）代入式（9-15）可得到断裂过程区内黏聚力分布为：

$$\sigma_{\mathrm{w}}=f_{\mathrm{t}}\left\{\left[1+\frac{c_1^3}{w_0^3}(CTOD)^3\left(\frac{x-h_{\mathrm{c}}}{a-a_0}\right)^3\right]\exp\left[-\frac{c_2}{w_0}CTOD\left(\frac{x-h_{\mathrm{c}}}{a-a_0}\right)\right]-\right.$$

$$\left.\frac{(1+c_1^3)\exp(-c_2)}{w_0}CTOD\left(\frac{x-h_{\mathrm{c}}}{a-a_0}\right)\right\}$$

$$(h_{\mathrm{c}}\leqslant x\leqslant h_{\mathrm{c}}+a-a_0) \tag{9-17}$$

根据平截面假定和图 9-9 中的应变分布，楔入劈拉试件顶部压应力 σ_c 可以用 f_t 表示为：

$$\frac{\sigma_c/E_c}{f_t/E_c}=\frac{h-a-h_c}{h_c}\Rightarrow\sigma_c=\frac{f_t(h-a-h_c)}{h_c} \tag{9-18}$$

式中，E_c 为混凝土的弹性模量。

根据图 9-8 中的试件跨中截面应力分布，可得到力的平衡方程和力矩平衡方程为：

$$\frac{1}{2}\sigma_c b(h-a-h_c)+P_H=\frac{1}{2}f_t b h_c+\int_{h_c}^{h_c+a-a_0}\sigma_w b\,\mathrm{d}x \tag{9-19}$$

$$\frac{1}{3}\sigma_c b(h-a-h_c)^2+\frac{1}{3}f_t b h_c^2+\int_{h_c}^{h_c+a-a_0}\sigma_w bx\,\mathrm{d}x=P_H(a+h_c) \tag{9-20}$$

将式（9-17）和式（9-18）代入式（9-19），可得到 h_c 的表达式为：

$$h_c=\cfrac{(h-a)^2}{2(h-a)+(a-a_0)\left[\cfrac{2w_0}{c_2CTOD}\left(1+\cfrac{6c_1^3}{c_2^3}\right)-\cfrac{(1+c_1^3)\exp(-c_2)}{w_0}CTOD-\right.}$$

$$\cfrac{(h-a)^2}{\cfrac{2w_0^4}{c_2^4 CTOD}\left(\cfrac{c_1^3c_2^3}{w_0^6}(CTOD)^3+3\cfrac{c_1^3c_2^2}{w_0^5}(CTOD)^2+6\cfrac{c_1^3c_2}{w_0^4}CTOD+6\cfrac{c_1^3}{w_0^3}+\cfrac{c_2^3}{w_0^3}\right)}$$

$$\cfrac{(h-a)^2}{\left.\exp\left(-\cfrac{c_2CTOD}{w_0}\right)\right]-\cfrac{2P_H}{f_t b}} \tag{9-21}$$

最终，将式（9-17）和（9-18）代入式（9-20），可得到外荷载 P_H 和有效裂缝长度 a 的表达式：

$$\frac{P_H(a+h_c)}{f_t b}=\frac{(h-a)^3}{3h_c}-(h-a)^2+(h-a)h_c+\frac{(a-a_0)w_0}{c_2CTOD}\left[h_c+\frac{(a-a_0)w_0}{c_2CTOD}\right]-$$

$$\frac{(1+c_1^3)\exp(-c_2)}{w_0}CTOD(a-a_0)\left(\frac{1}{2}h_c+\frac{1}{3}a-\frac{1}{3}a_0\right)+$$

$$\frac{6c_1^3w_0h_c(a-a_0)}{c_2^4CTOD}+\frac{24c_1^3w_0^2(a-a_0)^2}{c_2^5(CTOD)^2}-\frac{(a-a_0)w_0}{c_2CTOD}\left[h_c+a-a_0+\frac{(a-a_0)w_0}{c_2CTOD}\right]\exp\left(-\frac{c_2CTOD}{w_0}\right)-$$

$$\frac{c_1^3w_0h_c(a-a_0)}{c_2^4CTOD}\left(\frac{c_2^3(CTOD)^3}{w_0^3}+\frac{3c_2^2(CTOD)^2}{w_0^2}+\frac{6c_2CTOD}{w_0}+6\right)\exp\left(-\frac{c_2CTOD}{w_0}\right)-$$

$$\frac{c_1^3w_0^2(a-a_0)^2}{c_2^5(CTOD)^2}\left[\frac{c_2^4(CTOD)^4}{w_0^4}+\frac{4c_2^3(CTOD)^3}{w_0^3}+\frac{12c_2^2(CTOD)^2}{w_0^2}+\frac{24c_2CTOD}{w_0}+24\right]\exp\left(-\frac{c_2CTOD}{w_0}\right) \tag{9-22}$$

对于楔入劈拉试件，根据裂缝张开面为平面的假定，$CTOD$ 可用 $CMOD$ 表示为：

$$CTOD=\frac{a-a_0}{a}CMOD \tag{9-23}$$

文献［9］提出了两个经验公式来分别表示标准型和非标准型楔入劈拉试件的 $CMOD$。

对于标准型楔入劈拉试件：

$$CMOD=\frac{P_H}{bE_c}\left[11.56(1-\alpha)^{-2}-9.397\right] \tag{9-24a}$$

对于非标准型楔入劈拉试件：

$$CMOD = \frac{P_H}{bE_c}[13.18(1-\alpha)^{-2} - 9.16] \tag{9-24b}$$

式中，$\alpha = a/h$。

将式（9-21）、式（9-23）和式（9-24）代入式（9-22），可得到 P_H 和 a 的明确表达式。

基于断裂极值理论，将 $a = a_c$ 和 $P = P_{H,max}$ 代入式（9-22）和式（7-3），联立求解即可得到临界有效裂缝长度 a_c 和抗拉强度 f_t 的值。

将计算得到的 a_c 值和断裂试验测试得到的 $P_{H,max}$ 值代入楔入劈拉试件的应力强度因子计算式（9-25），可得到楔入劈拉试件的等效断裂韧度 K_{IC}^e。

$$K_{Ic}^e = \frac{P_H}{b\sqrt{h}}k(\alpha) \tag{9-25}$$

对于标准型楔入劈拉试件[10]：

$$k(\alpha) = \frac{(2+\alpha)(0.886 + 4.64\alpha - 13.32\alpha^2 + 14.72\alpha^3 - 5.6\alpha^4)}{(1-\alpha)^{3/2}} \tag{9-26a}$$

对于非标准型楔入劈拉试件[9]：

$$k(\alpha) = 3.675[1 - 0.12(\alpha - 0.45)](1-\alpha)^{-3/2} \tag{9-26b}$$

9.2.2　计算结果与讨论

基于楔入劈拉试件的断裂试验，采用断裂极值理论确定了临界有效裂缝长度 a_c、临界裂缝尖端张开位移 $CTOD_c$、抗拉强度 f_t 和等效断裂韧度 K_{IC}^e 的值。具有不同初始缝高比和试件尺寸的标准型和非标准型楔入劈拉试件的试验数据列于表 9-3～表 9-8 中[11-16]。

式（9-15）中的参数，对于普通混凝土采用 $c_1 = 3$，$c_2 = 7$，$w_0 = 160\mu m$。普通混凝土抗拉强度 f_t 值可由 $f_t = 0.4983\sqrt{f_c}$[4] 计算得到。文献［12，13］中弹性模量由公式 $E_c = 4730\sqrt{f_c}$[17] 计算得到。f_c 为混凝土圆柱体抗压强度。f_{cu} 为混凝土立方体抗压强度。

表 9-3～表 9-5 中列出了具有不同初始缝高比的楔入劈拉试件计算结果。文献［11～13］中由试验测试得到的混凝土抗拉强度分别为 3.07MPa、2.21MPa 和 3.33MPa。由表 9-3～表 9-5 可以看出，采用本节所建立的理论方法计算得到的混凝土抗拉强度平均值与试验值非常接近，相对误差分别为 2.61%、9.50% 和 8.71%。

表 9-6～表 9-8 中列出了具有不同尺寸的楔入劈拉试件计算结果。文献［14～16］中由试验测试得到的混凝土抗拉强度分别为 3.23MPa、2.41MPa 和 2.75MPa。由表 9-6～表 9-8 可以看出，采用断裂极值理论计算得到的混凝土抗拉强度平均值与试验值非常接近，相对误差分别为 13.00%、6.22% 和 0.31%。每组试验数据的计算结果离散性很小，验证了所提方法的适用性。

根据断裂极值理论确定的 a_c 值，可通过应力强度因子公式计算得到 K_{IC}^e 值并列于表 9-3～表 9-8 中。从表 9-6～表 9-8 可以看出，采用所建立的理论方法计算得到的 K_{IC}^e 值随 a_0/h 变化不明显。由图 9-13 和图 9-14 可以看出，当截面高度小于 600mm 时，试件的 K_{IC}^e 均值随着试件高度的增加而增大，但当截面高度大于 600mm 时，试件的 K_{IC}^e 尺寸效应不明显。采用文献［16］的断裂试验数据和断裂极值理论计算得到的 K_{IC}^{e} 平均值列于表 9-8 中。K_{IC}^{e} 随试件尺寸的变化如图 9-15 所示。结果表明，等效断裂韧度 K_{IC}^{e} 与试样的厚度无关，而与试样的体积有关。

由表 9-3～表 9-5 可以看出，采用断裂极值理论计算得到的临界裂缝尖端张开位移 $CTOD_{c}$ 值随初始缝高比 a_{0}/h 变化不明显。由表 9-6～表 9-8 可以看出，采用断裂极值理论计算得到的 $CTOD_{c}$ 值随试件尺寸的变化也不明显。值得注意的是，在双参数断裂模型[8] 中，$CTOD_{c}$ 被视为材料的断裂参数，因此也验证了断裂极值理论的可靠性。

计算得到 a_{c}，$CTOD_{c}$，K_{IC}^{e} 和 f_{t} 值（文献［11］，$f_{c}=0.79f_{cu}=37.84\text{MPa}$）　表 9-3

试件编号	$h \times W \times b$(m)	a_{0}/h	E_{c} (GPa)	$P_{H,max}$ (N)	计算结果			
					a_{c}(mm)	$CTOD_{c}$ (μm)	K_{IC}^{e} (MPa·m$^{1/2}$)	f_{t}(MPa)
WS110-1			35.98	10711	78.8	19.89	1.124	3.08
WS110-2	0.17×0.2×0.2	0.353	35.58	9563	80.2	19.37	1.031	2.73
WS110-3			40.23	11017	79.8	19.37	1.179	3.15
WS90-1			32.94	6656	98.8	17.67	1.024	2.89
WS90-2	0.17×0.2×0.2	0.471	30.67	6771	97.9	18.27	1.022	2.97
WS90-3			36.17	6962	99.3	17.35	1.084	3.01
WS70-1			36.16	4093	118.7	15.01	1.058	2.89
WS70-2			36.06	4361	117.8	15.27	1.098	3.11
WS70-3			35.6	4935	116.8	16.35	1.206	3.58
WS70-4			36.04	3978	118.7	14.69	1.028	2.80
WS70-5	0.17×0.2×0.2	0.588	36.99	4476	118.1	15.49	1.137	3.19
WS70-6			35.43	4935	116.7	16.32	1.202	3.58
WS70-7			35.88	4973	116.7	16.24	1.209	3.60
WS70-8			35.51	4820	116.8	16.07	1.178	3.49
平均值	—	—	—	—	—	16.95	—	3.15

计算得到 a_{c}，$CTOD_{c}$，K_{IC}^{e} 和 f_{t} 值

（文献［12］，$h \times W \times b = 400\text{mm} \times 400\text{mm} \times 200\text{mm}$，$f_{c}=0.79f_{cu}=19.75\text{MPa}$，$E_{c}=21.02\text{GPa}$）

表 9-4

试件编号	a_{0}/h	$P_{H,max}$ (kN)	计算结果			
			a_{c}(mm)	$CTOD_{c}$(μm)	K_{IC}^{e}(MPa·m$^{1/2}$)	f_{t}(MPa)
WS-020-1		25.63	94.2	12.34	1.146	2.14
WS-020-2	0.2	29.51	92.4	12.38	1.306	2.47
WS-020-3		26.33	93.8	12.26	1.169	2.19
WS-020-4		24.67	94.8	12.34	1.102	2.05
WS-025-1		27.37	113.0	12.31	1.334	2.65
WS-025-2	0.25	21.83	116.9	12.41	1.046	2.02
WS-025-3		25.34	114.2	12.49	1.244	2.45
WS-025-4		26.46	113.4	12.28	1.293	2.56

续表

试件编号	a_0/h	$P_{\mathrm{H,max}}$ (kN)	计算结果			
			a_c(mm)	$CTOD_c(\mu m)$	K^e_{IC}(MPa·m$^{1/2}$)	f_t(MPa)
WS-030-1		20.71	136.4	12.57	1.141	2.33
WS-030-2	0.3	21.71	135.5	12.38	1.187	2.44
WS-030-3		21.31	135.9	12.52	1.171	2.40
WS-030-4		20.52	136.4	12.47	1.132	2.31
WS-035-1		19.48	156.1	12.55	1.196	2.58
WS-035-2	0.35	18.12	157.1	12.45	1.118	2.39
WS-035-3		19.40	156.3	12.68	1.193	2.57
WS-035-4		21.43	154.8	12.67	1.311	2.86
WS-040-1		15.32	178.3	12.60	0.996	2.40
WS-040-2	0.4	15.07	178.7	12.70	0.983	2.36
WS-040-3		16.51	177.4	12.86	1.069	2.60
WS-040-4		16.07	177.7	12.77	1.043	2.53
平均值	—	—	—	12.50	—	2.42

计算得到 a_c，$CTOD_c$，K^e_t 和 f_t 值（文献 [13]，$h \times W \times b = 200\mathrm{mm} \times 200\mathrm{mm} \times 200\mathrm{mm}$，$f_c = 0.79f_{cu} = 44.71\mathrm{MPa}$，$E_c = 31.63\,\mathrm{GPa}$）　　　　表 9-5

试件编号	a_0/h	$P_{\mathrm{H,max}}$(kN)	计算结果			
			a_c(mm)	$CTOD_c(\mu m)$	K^e_{IC}(MPa·m$^{1/2}$)	f_t(MPa)
WS50-03-01		14.512	75.5	11.72	1.114	3.13
WS50-03-02		14.673	75.3	11.69	1.124	3.17
WS50-03-03		14.292	75.8	11.80	1.102	3.08
WS50-03-04		13.132	76.9	11.70	1.026	2.81
WS50-03-05	0.3	15.129	75.2	11.94	1.156	3.27
WS50-03-06		14.438	75.7	11.82	1.110	3.11
WS50-03-07		13.282	76.8	11.74	1.035	2.84
WS50-03-08		13.891	76.1	11.69	1.072	2.98
WS50-04-01		9.481	98.3	11.69	0.999	2.80
WS50-04-02		7.912	100.3	11.14	0.860	2.30
WS50-04-04		10.421	96.9	11.63	1.074	3.10
WS50-04-05	0.4	10.293	97.1	11.66	1.064	3.06
WS50-04-06		11.852	95.6	11.99	1.197	3.56
WS50-04-07		8.691	99.4	11.51	0.929	2.54
WS50-04-08		9.794	97.9	11.75	1.025	2.90
WS50-05-01		6.330	118.9	11.29	0.945	2.69
WS50-05-02		8.801	115.3	11.89	1.229	3.87
WS50-05-03		7.512	117.1	11.75	1.086	3.26
WS50-05-04	0.5	7.310	117.2	11.51	1.058	3.16
WS50-05-05		7.841	116.5	11.68	1.119	3.41
WS50-05-06		6.674	118.3	11.38	0.984	2.85
WS50-05-07		6.583	118.6	11.49	0.977	2.81
WS50-05-08		7.244	117.5	11.64	1.052	3.12

续表

试件编号	a_0/h	$P_{H,max}$(kN)	计算结果			
			a_c(mm)	$CTOD_c(\mu m)$	K_{IC}^e(MPa·m$^{1/2}$)	f_t(MPa)
WS50-06-01		4.541	137.1	11.13	1.015	3.05
WS50-06-02		3.212	140.7	10.54	0.789	2.07
WS50-06-04	0.6	5.262	135.6	11.29	1.132	3.59
WS50-06-05		5.231	135.8	11.44	1.132	3.57
WS50-06-06		4.600	137.2	11.35	1.030	3.09
WS50-06-07		4.272	138	11.26	0.975	2.84
平均值	—	—	—	11.56	—	3.04

计算得到 a_c, $CTOD_c$, K_{IC}^e 和 f_t 值（文献 [14]，$f_c=0.79f_{cu}=42.11$MPa）　表 9-6

试件编号	$H \times W \times b$（mm）	a_0（mm）	E_c（GPa）	$P_{H,max}$（N）	计算结果			
					a_c（mm）	$CTOD_c$（μm）	K_{IC}^e（MPa·m$^{1/2}$）	f_t（MPa）
WS200-1	200×200×199	80	35.90	10023	99.1	11.52	1.148	2.95
WS200-2	198×200×199	80	31.85	10690	96.4	11.73	1.201	3.28
WS200-3	198×200×196	80	35.05	9622	98.5	11.32	1.131	2.95
WS200-4	198×200×198	80	38.92	10609	98.9	11.45	1.244	3.22
WS200-5	198×200×197	80	35.92	10938	97.5	11.66	1.262	3.37
WS300-1	303×300×202	120	34.41	15330	140.9	12.06	1.291	3.00
WS300-2	301×300×203	120	38.39	14788	143.2	11.94	1.283	2.90
WS300-3	300×300×202	145	41.80	12561	168.0	12.00	1.411	3.41
WS300-4	299×300×203	120	27.15	15129	137.2	12.32	1.255	3.09
WS300-5	298×300×200	120	28.31	12068	140.8	12.02	1.056	2.48
WS600-1	600×600×210	240	33.92	26689	266.6	12.52	1.455	2.66
WS600-2	607×600×219	265	31.21	28131	288.3	12.87	1.590	3.08
WS600-3	600×600×215	240	24.04	27028	267.0	12.64	1.453	2.65
WS600-4	605×600×219	240	31.21	29120	264.5	12.82	1.492	2.75
WS600 5	600×600×211	290	30.28	28660	309.4	13.24	1.899	4.01
WS600-6	606×600×212	265	34.49	31509	287.4	12.93	1.834	3.58
WS800-1	806×800×240	345	30.23	34696	372.9	13.06	1.501	2.54
WS800-2	806×800×246	320	29.88	34996	349.2	12.70	1.368	2.22
WS800-3	800×800×235	320	33.33	33728	352.0	12.86	1.408	2.27
WS800-4	800×800×341	320	32.28	33968	351.6	12.86	1.381	2.23
WS800-5	804×800×230	365	31.29	37835	389.3	13.24	1.811	3.22
WS800-6	803×800×230	320	32.25	34255	350.2	12.85	1.444	2.34
WS1000-1	1010×1000×245	400	29.06	43580	429.4	12.89	1.498	2.23
WS1000-2	1010×1000×245	400	29.28	46631	428.2	13.09	1.598	2.39
WS1000-3	1013×1000×270	400	25.77	55918	423.0	12.99	1.710	2.60
WS1000-4	1010×1000×240	400	30.63	48169	428.0	13.09	1.684	2.52

续表

试件编号	$H \times W \times b$ (mm)	a_0 (mm)	E_c (GPa)	$P_{H,max}$ (N)	计算结果			
					a_c (mm)	$CTOD_c$ (μm)	K^e_{IC} (MPa·m$^{1/2}$)	f_t (MPa)
WS1000-5	1005×1000×250	400	29.05	45522	428.5	12.88	1.541	2.31
WS1000-6	1005×1000×270	400	27.47	50474	426.7	13.06	1.576	2.38
平均值	—	—	—	—	—	12.52	—	2.81

计算得到 a_c, $CTOD_c$, K^e_{IC} 和 f_t 值（文献 [15]，$f_c = 0.79 f_{cu} = 23.35$MPa） 表 9-7

试件编号	$h \times W \times b$ (mm)	a_0/h	E_c (GPa)	$P_{H,max}$ (kN)	计算结果			
					a_c (mm)	$CTOD_c$ (μm)	K^e_{IC} (MPa·m$^{1/2}$)	f_t (MPa)
150-1		0.46	22.77	4.73	83.4	11.49	0.787	2.55
150-2	180×150×200	0.48	24.22	5.59	84.7	11.73	0.969	3.35
150-3		0.49	22.96	5.23	85.8	11.64	0.942	3.31
200-1		0.46	24.37	7.08	108.6	11.96	0.877	2.63
200-2	240×200×200	0.47	24.48	6.89	110.3	11.74	0.881	2.67
200-3		0.47	27.25	6.61	112.2	11.65	0.872	2.52
400-1		0.45	31.61	11.37	208.8	12.05	0.931	2.07
400-2	480×400×200	0.46	32.71	14.27	208.2	12.32	1.172	2.77
400-3		0.46	32.16	12.00	211.1	12.01	1.005	2.29
600-1		0.46	36.30	17.82	308.8	12.63	1.204	2.39
600-2	720×600×200	0.46	32.68	16.97	307.74	12.68	1.108	2.21
600-3		0.46	36.71	16.68	310.5	12.42	1.139	2.23
600-5		0.46	33.61	18.22	306.54	12.67	1.182	2.38
800-1		0.45	32.81	18.66	399.75	12.73	1.03	1.80
800-2	960×800×200	0.46	33.09	22.60	401.4	12.87	1.265	2.31
800-4		0.46	32.08	21.63	401.48	12.80	1.183	2.15
800-5		0.46	33.27	21.99	403.76	12.84	1.202	2.17
1000-1		0.45	29.58	22.15	489.35	12.99	1.042	1.70
1000-3	1200×1000×200	0.45	29.59	23.34	487.45	12.97	1.092	1.79
1000-4		0.45	32.39	25.81	484.35	12.96	1.216	2.03
1000-5		0.45	31.76	24.40	489.9	12.98	1.143	1.87
1200-0		0.45	29.28	24.70	582.7	12.89	1.047	1.59
1200-1	1440×1200×200	0.46	29.42	24.21	596.5	13.12	1.053	1.60
1200-2		0.45	29.15	28.26	579.2	13.15	1.182	1.82
平均值	—	—	—	—	—	12.47	—	2.26

表 9-8 计算得到 a_c，$CTOD_c$，K^e_{IC} 和 f_t 值（文献[16]，$f_c=30.47MPa$）

试件编号	$h \times W \times b$(m)	a_0/h	E_c (GPa)	$P_{H,max}$ (N)	计算结果			
					a_c (mm)	$CTOD_c$ (μm)	K^e_{IC} (MPa·m$^{1/2}$)	f_t (MPa)
T1-WS	$0.2 \times 0.2 \times 0.15$			4685	118.7	11.34	0.972	2.66
T2-WS	$0.2 \times 0.2 \times 0.2$			6003	119.3	11.40	0.946	2.55
T3-WS	$0.2 \times 0.2 \times 0.3$			10519	117.3	11.46	1.064	3.02
T4-WS	$0.2 \times 0.2 \times 0.45$	0.5	30.6	11889	120.6	10.98	0.851	2.21
V1-WS	$0.15 \times 0.15 \times 0.15$			3488	91.8	10.90	0.895	2.56
V2-WS	$0.2 \times 0.2 \times 0.2$			6003	119.3	11.40	0.946	2.55
V3-WS	$0.3 \times 0.3 \times 0.3$			16008	169.7	12.29	1.234	3.19
V4-WS	$0.45 \times 0.45 \times 0.45$			36137	246.7	12.80	1.433	3.30
平均值	—	—	—	—	—	11.57	—	2.76

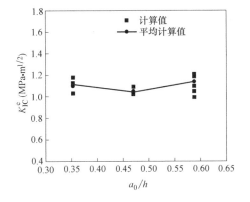

图 9-10 由文献[11]计算得到等效断裂韧度 K^e_{IC} 随初始缝高比 a_0/h 的变化

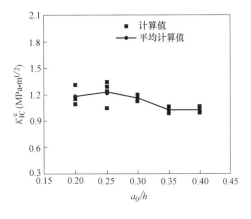

图 9-11 由文献[12]计算得到等效断裂韧度 K^e_{IC} 随初始缝高比 a_0/h 的变化

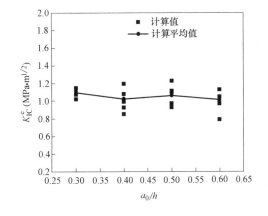

图 9-12 由文献[13]计算得到等效断裂韧度 K^e_{IC} 随初始缝高比 a_0/h 的变化

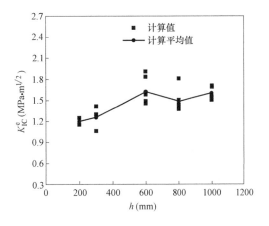

图 9-13 由文献[14]计算得到等效断裂韧度 K^e_{IC} 随试件高度 h 的变化

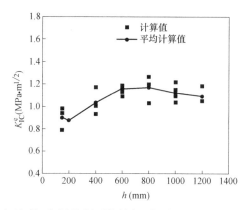

图 9-14　由文献［15］计算得到等效断裂韧度 K_{IC}^e 随试件高度 h 的变化

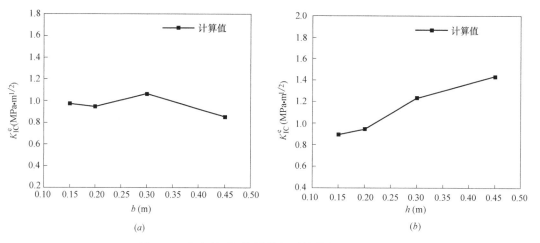

图 9-15　由文献［16］计算得到等效断裂韧度 K_{IC}^e

（a）试件厚度的影响；（b）试件高度的影响

9.2.3　小结

基于断裂极值理论，建立了采用楔入劈拉试件断裂试验确定混凝土抗拉强度 f_t 与等效断裂韧度 K_{IC}^e 的理论计算方法。利用了力的平衡公式和力矩平衡公式来确定混凝土的断裂参数。通过现有的试验数据验证了断裂极值理论可靠性和适用性。并得到如下结论：

（1）断裂极值理论可适用于由楔入劈拉试件断裂试验确定混凝土的抗拉强度 f_t 与等效断裂韧度 K_{IC}^e。

（2）采用断裂极值理论，仅需单个试件断裂试验的峰值荷载即可确定混凝土的抗拉强度 f_t 与等效断裂韧度 K_{IC}^e。但由于试验中不可避免的离散性，仍建议进行多个试件的断裂试验。

（3）由断裂极值理论计算得到的混凝土的抗拉强度 f_t 与试验测试值接近，验证了理论方法的可靠性。由理论方法计算得到的 $CTOD_c$ 值随试件尺寸和初始缝高比变化都不明显，这与双参数断裂模型中视 $CTOD_c$ 为材料参数的观点相符。

参考文献

［1］ Wu Z M，Yang S T，Hu X Z，et al． An analytical model to predict the effective fracture toughness of concrete for three-point bending notched beams． Engineering Fracture Mechanics，2006，73（15）：2166-2191．

［2］ Reinhardt H W，Cornelissen H A W，Hordijk D A． Tensile tests and failure analysis of concrete ［J］． Journal of Structural Engineering，1986，112（11）：2462-2477．

［3］ Tada H，Paris P C，Irwin G R． The stress analysis of crack handbook． New York：ASME Press，2000．

［4］ Karihaloo B L，Nallathambi P． Notched beam test：mode I fracture toughness，fracture mechanics test methods for concrete． In：Shah S P，Carpinteri A，editors． Report of RILEM Technical Committee 89-FMT． London：Chapman and Hall，1991，1-86．

［5］ CEN． Eurocode 2-Design of concrete structures，Part 1-1：General rules and rules for buildings． European Committee for Standardization，Brussels，Belgium，EN 1992-1-1．

［6］ Refai T M E，Swartz S E． Fracture behavior of concrete beams in three-point bending considering the influence of size effects． Report No. 190，Engineering Experiment Station，Kansas State University，1987．

［7］ Wang Y S，Hu X Z，Liang L，et al． Determination of tensile strength and fracture toughness of concrete using notched 3-p-b specimens． Engineering Fracture Mechanics，2016，160：67-77．

［8］ Jenq Y S，Shah S P． Two parameter fracture model for concrete． Journal of Engineering Mechanics，1985，111（10）：1227-1241．

［9］ Xu S L，Reinhardt H W． Determination of double-K criterion for crack propagation in quasi-brittle fracture，Part Ⅲ：Compact tension specimens and wedge splitting specimens． International Journal of Fracture，1999，98（2）：179-193．

［10］ Murakami Y E． The Stress Intensity Factors Handbook． Committee on Fracture Mechanics，The Society of Materials Science，Japan，vol. 1. Oxford：Pergamon Press，1987．

［11］ Xu S L，Zhao Y H，Wu Z M． Study on the average fracture energy for crack propagation in concrete． Journal of Materials in Civil Engineering，ASCE 2006，18（6）：817-824．

［12］ Hu S W，Xu A Q． Experimental validation and fracture properties analysis on wedge splitting concrete specimens with different initial seam-height ratios． Procedia Structural Integrity，2016，2：2818-2832．

［13］ 胡少伟，谢建锋，喻江． 不同初始缝高比楔入劈拉试件断裂试验研究． 长江科学院院报，2015，32（2）：114-118．

［14］ Zhang X F，Xu S L． A comparative study on five approaches to evaluate double-K fracture toughness parameters of concrete and size effect analysis． Engineering Fracture Mechanics，2011，78：2115-2138．

［15］ 徐世烺，张秀芳，郑爽． 小骨料混凝土双 K 断裂参数的试验测定． 水利学报，2006，37（5）：543-553．

［16］ Zhao G F，Jiao H，Xu S L． Study on fracture behavior with wedge splitting test method． Fracture Processes in Concrete，Rock and Ceramics． London：E and F. N. Spon，1991，789-798．

［17］ ACI-318． Building code requirements for structural concrete and commentary． Michigan：Farmington Hills，2002．